essentials

essentials liefern aktuelles Wissen in konzentrierter Form. Die Essenz dessen, worauf es als „State-of-the-Art" in der gegenwärtigen Fachdiskussion oder in der Praxis ankommt. *essentials* informieren schnell, unkompliziert und verständlich

- als Einführung in ein aktuelles Thema aus Ihrem Fachgebiet
- als Einstieg in ein für Sie noch unbekanntes Themenfeld
- als Einblick, um zum Thema mitreden zu können

Die Bücher in elektronischer und gedruckter Form bringen das Expertenwissen von Springer-Fachautoren kompakt zur Darstellung. Sie sind besonders für die Nutzung als eBook auf Tablet-PCs, eBook-Readern und Smartphones geeignet. *essentials:* Wissensbausteine aus den Wirtschafts-, Sozial- und Geisteswissenschaften, aus Technik und Naturwissenschaften sowie aus Medizin, Psychologie und Gesundheitsberufen. Von renommierten Autoren aller Springer-Verlagsmarken.

Weitere Bände in der Reihe http://www.springer.com/series/13088

Boris Lehmann · Katharina Bensing ·
Beate Adam · Ulrich Schwevers ·
Jeffrey A. Tuhtan

Ethohydraulik

Eine Methode für naturverträglichen Wasserbau

Boris Lehmann
Fachgebiet Wasserbau und Hydraulik
Technische Universität Darmstadt
Darmstadt, Deutschland

Katharina Bensing
Fachgebiet Wasserbau und Hydraulik
Technische Universität Darmstadt
Darmstadt, Deutschland

Beate Adam
Institut für angewandte Ökologie GmbH
Kirtorf, Deutschland

Ulrich Schwevers
Institut für angewandte Ökologie GmbH
Kirtorf, Deutschland

Jeffrey A. Tuhtan
Centre for Biorobotics
Tallinn University of Technology
Tallinn, Estland

ISSN 2197-6708 ISSN 2197-6716 (electronic)
essentials
ISBN 978-3-658-32823-8 ISBN 978-3-658-32824-5 (eBook)
https://doi.org/10.1007/978-3-658-32824-5

Die Deutsche Nationalbibliothek verzeichnet diese Publikation in der Deutschen Nationalbibliografie; detaillierte bibliografische Daten sind im Internet über http://dnb.d-nb.de abrufbar.

Planung/Lektorat: Simon Rohlfs
Springer Spektrum ist ein Imprint der eingetragenen Gesellschaft Springer Fachmedien Wiesbaden GmbH und ist ein Teil von Springer Nature.
Die Anschrift der Gesellschaft ist: Abraham-Lincoln-Str. 46, 65189 Wiesbaden, Germany

Was Sie in diesem *essential* finden können

- Bauliche Maßnahmen an und in Fließgewässern beeinträchtigen den Lebensraum für die dortige Fauna und Flora.
- Mittels der Ethohydraulik lässt sich das hydraulisch-reaktive Verhalten von Wassertieren (insbesondere Fische) mit Labor- und Feldstudien für diverse (durch Maßnahmen beeinflusste) hydraulische Situationen erforschen.
- Aus den so gewonnenen Verhaltensbefunden können ingenieurtechnische Design-, Bemessungs- und Planungsempfehlungen für faunenverträgliche wasserbauliche Anlagen abgeleitet werden. Im Fokus ethohydraulischer Untersuchungen stehen die Gestaltung von fischpassierbaren Bauwerken (bspw. Fischaufstiegs- oder -abstiegsanlagen) oder von Schutzeinrichtungen (bspw. Rechen mit Fischleitfunktion).
- Ethohydraulische Untersuchungen basieren auf drei Hauptphasen (Voranalyse, ethohydraulischer Test, Transfer), die methodisch miteinander gekoppelt sind (situative Ähnlichkeit, ethohydraulische Signatur).
- Neben Beispielen zu ethohydraulischen Untersuchungen und Befunden werden auch neue Entwicklungen und Erweiterungen möglicher Untersuchungsmethoden dargestellt.

Vorwort

Mit der Aussage *„Wenn man Fische studieren will, wird man am besten selber zum Fisch"* sprach der weltbekannte Meeresforscher Jacques-Yves Cousteau (1910–1997) etwas aus, was durchaus als Idee für die Fachdisziplin Ethohydraulik benannt werden kann. Durch die in der Europäischen Union gesetzten umweltpolitischen Ziele für eine gute ökologische Qualität der Oberflächengewässer (Europäisches Parlament und Rat der Europäischen Union [EU] 2000) gilt es, die anthropogenen Einwirkungen auf unsere Fließgewässer so gut wie möglich für die Gewässerfauna verträglich zu gestalten. Wasserbauliche Maßnahmen wie Renaturierungen und der Bau von Anlagen zur Herstellung der Längsdurchgängigkeit an Querbauwerken stellen damit für Ingenieure und Gewässerökologen gleichermaßen eine aktuelle Herausforderung dar.

Die Idee von Cousteau hatte bereits 1912 der Wasserbauingenieur Paul Gerhardt mit speziellem Blick auf seine Fachdisziplin publiziert: *„Wenn man bauliche Anlagen, die Fischereizwecken dienen sollen, richtig entwerfen und ausführen will, so muss man mit den Gewohnheiten der Fische vertraut sein"* (Gerhardt 1912). Die Gewohnheiten der Fische lassen sich mit den Methoden der vergleichenden Verhaltensforschung – der Ethologie – gut ermitteln: wie nehmen Fische ihre Umgebung wahr? Wie orientieren sie sich im Fluss? Welche Leistungen können Fische erbringen? Das wasserbauliche Versuchswesen kann dazu die benötigte hydraulische Umgebung konditioniert zur Verfügung stellen. Daher wurde von Biologen und Wasserbauingenieuren aus der methodischen Vereinigung beider Disziplinen – der Ethologie und der Hydraulik – die Transdisziplin Ethohydraulik erdacht (Adam und Lehmann 2011). Seitdem wurde die Ethohydraulik für viele relevante Fragestellungen erfolgreich angewandt und wird stetig weiterentwickelt.

Aktuell stellen ethohydraulische Untersuchungen eine wichtige Methode zur Erarbeitung allgemeiner Empfehlungen, Grenz- und Richtwerte für fischpassierbare Anlagen dar. Darüber hinaus dienen sie als Untersuchungsmethode für die Planung und Optimierung komplexer Anlagen und deren Naturverträglichkeit. Das vorliegende *essentials* widmet sich dieser Idee der Transdisziplin, beschreibt die Hintergründe und die wesentlichen methodischen Schritte, zeigt einige Befunde aber auch Tücken auf und gibt einen Ausblick auf die Zukunft dieser Disziplin. Dazu sind etliche Beispiele eingebettet, welche anschauliche Einblicke geben.

Wir wünschen viel Spaß mit der Lektüre.

Boris Lehmann
Katharina Bensing
Beate Adam
Ulrich Schwevers
Jeffrey A. Tuhtan

Literatur

Adam, B., & Lehmann, B. (2011). *Ethohydraulik – Grundlagen, Methoden, Erkenntnisse.* Heidelberg: Springer.

Europäisches Parlament und Rat der Europäischen Union. (2000). *Richtlinie 2000/60/EG des Europäischen Parlaments und Rates der Europäischen Union vom 23. 10. 200 zur Schaffung eines Ordnungsrahmens für Maßnahmen der Gemeinschaft im Bereich der Wasserpolitik.* Amtsblatt der Europäischen Gemeinschaften L 327/1-327/72 vom 22.12.2000.

Gerhardt ,P. (1912). Die Fischwege. In *Handbuch der Ingenieurwissenschaften*, 3. Teil, II. Bd., 1. Abt. Wehre und Fischwege (S. 454–499).

Inhaltsverzeichnis

1 Einleitung

Ethologie und Hydraulik – wozu wird das benötigt?

Der Mensch nimmt großen Einfluss auf viele in seiner Umwelt ablaufende Prozesse und stellt damit einen maßgebenden Faktor für Veränderungen auf der Erde dar – es ist das Zeitalter des Anthropozän. Auf dem Weg von der Natur- zur Kulturlandschaft wurden Fließgewässer an Nutzungsanforderungen wie z. B. Energieerzeugung, Hochwasserregulierung und Schiffbarkeit angepasst und durch zahlreiche Querbauwerke in viele Segmente unterteilt. Zwar sind etliche dieser Bauwerke durch Schleusen oder Hebewerke für Schiffe und Boote passierbar, jedoch geraten aquatische Lebewesen dort oft in eine für sie unpassierbare Sackgasse oder wagen bei Wasserkraftanlagen gar den oft tödlich endenden Weg in die Turbine. Aber warum?

1.1 Die Problematik: „...das Wandern ist des Fisches Lust!"

Anders als für den Menschen, ist die Durchgängigkeit der Fließgewässer für viele Fischarten essentiell, um deren Fortbestand zu sichern. Anadrome und katadrome Fischarten wandern beispielsweise während ihres Lebenszyklus zum Aufwuchs und der Eiablage zwischen Meer und Binnengewässer (Abb. 1.1).

Prominent werden die Arten Lachs und Aal als ana- und katadromer Wanderfisch oftmals genannt – aber auch die Wanderaktivität potamodromer Fischarten ist von wesentlicher Bedeutung. Viele Arten können große Strecken innerhalb des Binnensystems zurücklegen, weshalb eine Segmentierung der Flüsse durch nicht-passierbare Querbauwerke ganze Populationen dezimieren kann (Schwevers und Adam 2020). Die Gründe für Fischwanderungen können vielseitig sein, beispielsweise um Ressourcen in Bezug auf Nahrung, Wachstum, Fortpflanzung

B. Lehmann et al., *Ethohydraulik*, essentials,
https://doi.org/10.1007/978-3-658-32824-5_1

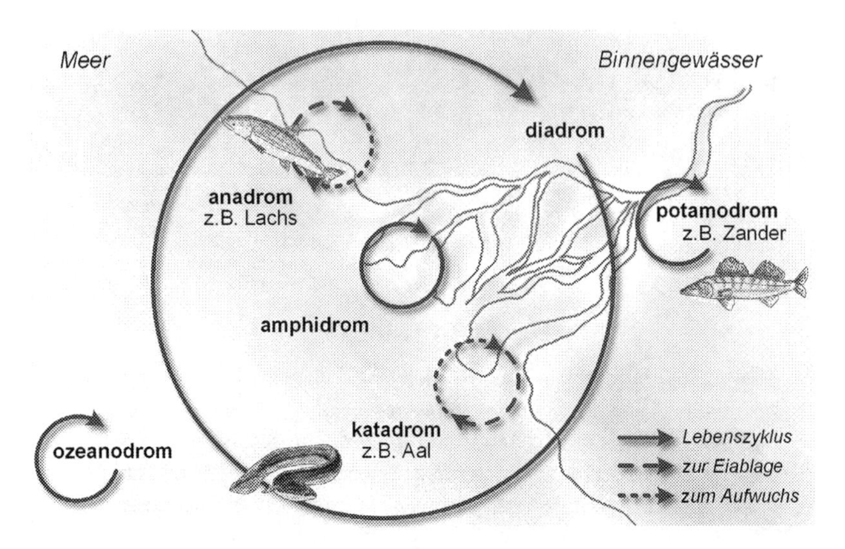

Abb. 1.1 Die allgemeine Einteilung von Wanderfischen zeigt die Wichtigkeit der longitudinalen Durchgängigkeit der Binnengewässer: ozeanodrome Arten wandern innerhalb des Meeres und potamodrome innerhalb der Binnengewässer; diadrome Arten wandern zwischen Salz- und Süßwasser und werden in anadrome, amphidrome und katadrome Arten unterteilt

ideal auszunutzen oder sich vor Fressfeinden zu schützen. Lucas und Baras (2001) unterscheiden hierbei zwischen:

- saisonalen Wanderungen (Laichwanderung, Laich-Rückwanderung, Larvalausbreitung durch Drift, Wanderungen in Nahrungs- und Winterhabitate),
- Wanderungen durch Katastrophen (Verdriftung, Kompensationswanderungen nach Hochwasser, Schutzwanderungen bei Hochwasser oder anderen unvorteilhaften Umweltbedingungen),
- täglichen Wanderungen (temperaturbedingt, nahrungsbedingt) und
- Wanderungen unbekannter Ursache (Flussaufwärtswanderung von v. a. juvenilen Fischen im Herbst usw.).

Der Lebensraum der aquatischen Fauna wird jedoch nicht nur durch Strukturen quer zur Fließrichtung der Gewässer eingeschränkt. Auch in Längsrichtung wurde die Strukturvielfalt stark verändert und damit die Lebensräume vieler Arten beeinträchtigt – beispielsweise haben Flussbegradigungen und Eindeichungen zu massiven Aueverlusten und einer Verarmung der Gewässerstrukturen geführt. Daraus wird deutlich, dass der Mensch innerhalb kurzer Wirkungszeit den ökologisch empfindlichen Lebensraum Fließgewässer stark beeinträchtigt hat. Es ist nun essentiell, durch effektive Maßnahmen den Lebensraum Fließgewässer und dessen Vernetzung mit dem Umland zu wahren. Daher ist die Forderung nach der Durchgängigkeit der Gewässer zum Erhalt der Artenvielfalt umweltpolitisch in der Europäischen Wasserrahmenrichtlinie (EU 2000) und rechtlich im Wasserhaushaltsgesetz und diversen anderen Gesetzen, Erlassen und Richtlinien verankert.

1.2 Erste Hilfe für Wanderfische

Die ökologisch beste Lösung ist es, Querbauwerke zurückzubauen, dem Gewässer wieder Raum zur Eigenentwicklung zu gewähren und der aquatischen Fauna damit durchgängige Lebensräume mit hoher Struktur- und Strömungsvielfalt zurückzugeben. Dies ist jedoch aufgrund der nach wie vor präsenten menschlichen Nutzungsanforderungen und den dahinterstehenden wirtschaftlichen und sozialen Interessen häufig nicht realisierbar. Daher wird versucht, die Vernetzung der Gewässer durch separate Bauwerke oder den teilweisen Rückbau von Querbauwerken wiederherzustellen.

In Abhängigkeit der Wanderrichtung wird zwischen Fischaufstiegs- sowie Fischschutz- und Fischabstiegsanlagen differenziert. Hierfür wurden in vielen internationalen Untersuchungen in Laboren und an Pilotanlagen vereinfachte Planungs- und Bemessungsansätze erarbeitet, welche in Regelwerken und Leitfäden niedergeschrieben sind (Silva et al. 2018; Deutsche Vereinigung für Wasserwirtschaft, Abwasser und Abfall e. V. [DWA] 2005, 2014; Ministerium für Umwelt und Naturschutz, Landwirtschaft und Verbraucherschutz des Landes Nordrhein-Westfalen [MUNLV] 2005; Gough et al. 2012; Larinier et al. 2002; Bates 2000). Obwohl es vielfältige Empfehlungen und Planungsansätze gibt, muss stets deren standortspezifische Eignung und Integration ins Umfeld berücksichtigt werden.

Fischaufstiegsanlagen werden von wanderwilligen Wassertieren entgegen der Strömung passiert und bestehen meist aus einzelnen aneinandergereihten Becken, durch die der Höhenunterschied zwischen Ober- und Unterwasser an einem Querbauwerk schrittweise abgebaut wird. Dies kann in unterschiedlichen Bauweisen geschehen. Bei entsprechend verfügbarem Raum können auch naturnah gestaltete Umgehungsgerinne ähnlich einem Bachlauf gebaut werden. Anlagen zum Fischabstieg werden von abwanderwilligen Tieren in Strömungsrichtung passiert.

Sie bestehen meist aus einer Barriere (bspw. Schutzrechen), um die Tiere an dem Einschwimmen in für sie gefährliche Bereiche zu hindern (bspw. Turbine mit Laufrad) und einem Bypass, um sie sicher ins Unterwasser zu führen. Die Barriere sollte dabei so gestaltet sein, dass die abwanderwilligen Tiere rasch in Richtung des Bypasses geleitet werden (Abb. 1.2).

Trotz aktueller Regelwerke und Empfehlungen zum Bau von Fischauf-, Fischschutz- und Fischabstiegsanlagen bestehen gegenwärtig immer noch Wissensdefizite bezüglich des Verhaltens der Fische in unterschiedlichen Strömungsarten. Dabei ist die Problematik der Durchgängigkeit kein neues Thema. Bereits 1874 wurde im „Fischereigesetz für den Preußischen Staat" gefordert, dass im Falle des Baus eines Querbauwerkes die Passage für Wanderfische zu ermöglichen sei (siehe dort §35 „Fischpässe"). Seither wurden zwar zahlreiche Fischaufstiegsanlagen gebaut – ein Monitoring dieser Anlagen nach heutigem Wissensstand lässt jedoch einen Großteil als selektiv funktionstüchtig oder gar nicht funktionstüchtig erscheinen (Adam 2010). Woran liegt das?

Bei Anlagen zur Durchgängigkeit spielen zwei Aspekte für deren Funktionsfähigkeit eine wichtige Rolle: die Auffindbarkeit und die Passierbarkeit. Zunächst muss der Fischweg vom wanderwilligen Tier ohne allzu große Anstrengung und zeitliche Verzögerung im Nahfeld des Querbauwerkes gefunden werden können, was sich bei sehr breiten Flüssen mit weitläufigen Anlagen und komplexen Strömungssituationen als enorme Herausforderung darstellen kann. Ist der Einstieg gefunden, muss innerhalb der Anlage ein artenspezifisch geeigneter Wanderkorridor vorhanden sein, damit dieser stressfrei und ohne größeren Energie- und Zeitverlust vom wanderwilligen Tier passiert werden kann. Mit Blick auf die biomechanischen Abläufe zur Fortbewegung und die Orientierung vieler Wassertiere an der Strömung definiert sich der Wanderkorridor aus geometrischen (z. B. die Breite von Öffnungen) sowie aus hydraulischen (z. B. Strömungsgeschwindigkeit) Randbedingungen.

Daraus ergeben sich folgende Fragen: Welche Ansprüche haben Wassertiere an die geometrischen und hydraulischen Bedingungen in ihrem Lebensraum? Wie lassen sich Strömungen als „hydraulische Wegweiser" einsetzen, um wanderwillige Tiere durch komplexe unnatürliche Situationen zu leiten?

Die Beobachtung des Tierverhaltens im Gewässer ist aufgrund des weiten Aktionsradius der Tiere, der schlechten Einsehbarkeit des getrübten Wassers sowie des Deckungsbedürfnisses vieler Arten meist nur kleinräumig und mit aufwendigen Methoden möglich. Hinzu kommt, dass im Freiland die Bedingungen nicht konditionierbar sind und man daher Beobachtungen bei häufig unterschiedlichen Randbedingungen interpretieren muss.

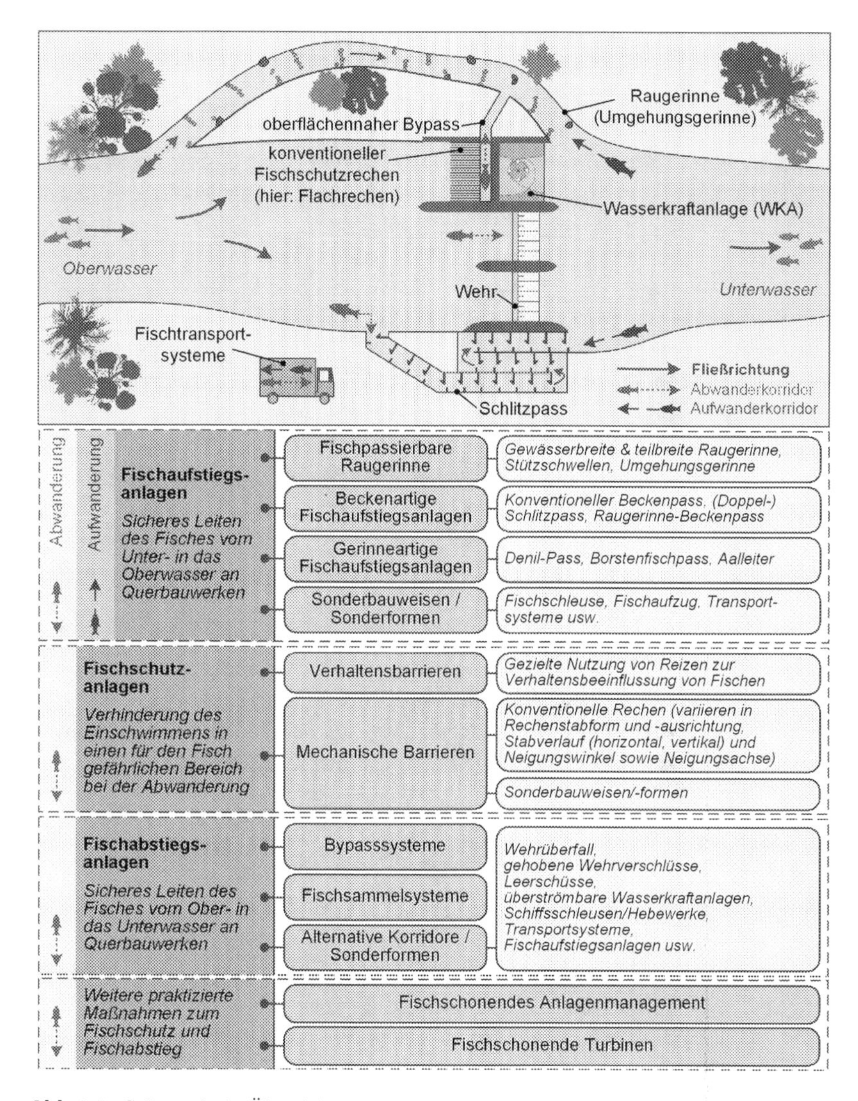

Abb. 1.2 Schematische Übersicht über aktuelle Typen von Fischaufstiegs-, Fischschutz- und Fischabstiegsanlagen

Zur Beantwortung der Fragen müssen also unter Anwendung einer standardisierten Methodik gezielt Versuchsaufbauten, -einstellungen und -abläufe entwickelt werden, welche auf die wesentlichen zu untersuchenden (Strömungs-)Reize fokussieren. Hierfür bieten sich konditionierbare Laborbedingungen an. Doch wie können komplexe wasserbauliche Situationen mit lebenden Fischen realitätsnah in einem Labor mit vertretbarem Aufwand zu praxistauglichen Erkenntnissen führen?

1.3 Transdisziplin Ethohydraulik

Anders als der sich überwiegend auf Oberflächen bewegende Mensch, bewegen sich viele aquatische Lebewesen ständig in der gesamten Wassersäule und damit dreidimensional im Raum. Die dortige turbulente Strömung umgibt sie und liefert in Form von Druck- und Geschwindigkeitsschwankungen die notwendigen Informationen, damit die Tiere sich in ihrer Umwelt orientieren können. Zu diesem Zweck besitzen bspw. Fische ein Sinnesorgan, mit dem sie die Strömung und deren Fluktuationen feinjustiert und asymmetrisch (unterschiedlich entlang der linken und rechten Körperseite) wahrnehmen können – das sog. Seitenlinienorgan (Bleckmann et al. 2004). Diese Reizwahrnehmung bildet in vielen Situationen die prioritäre Voraussetzung für das Fischverhalten. Wird eine Reizschwelle überschritten, wird die Information an das zentrale Nervensystem des Fisches weitergeleitet und dort verarbeitet, was dann wiederum in einer Bewegung der Muskulatur resultiert (Abb. 1.3), die als Reaktion auf den Reiz zu interpretieren ist.

Beispiel: Rheotaktische Ausrichtung von Fischen in einer gleichförmigen Strömung

Ab bestimmten Strömungsgeschwindigkeiten (Reizschwelle) richten sich Fische anhand der Strömungsrichtung aus. Dieses Verhalten nennt man Rheotaxis: Positiv rheotaktisch ist die Ausrichtung dann, wenn der Fisch sich mit dem Kopf voran gegen die Strömung anstellt, und negativ rheotaktisch, wenn dieser sich mit dem Kopf in Richtung der Strömung ausrichtet.

Die Schwierigkeit bei der Untersuchung, ab welcher Geschwindigkeit eine rheotaktische Ausrichtung von Fischen erfolgt, liegt darin, den ausschlaggebenden Strömungsreiz zu „separieren“. Durch die verschiedenen Sinnesorgane detektiert der Fisch nämlich auch eine Vielzahl an weiteren Umwelteinflüssen (bspw. optische und akustische Reize im Wasserkörper wie auch haptische

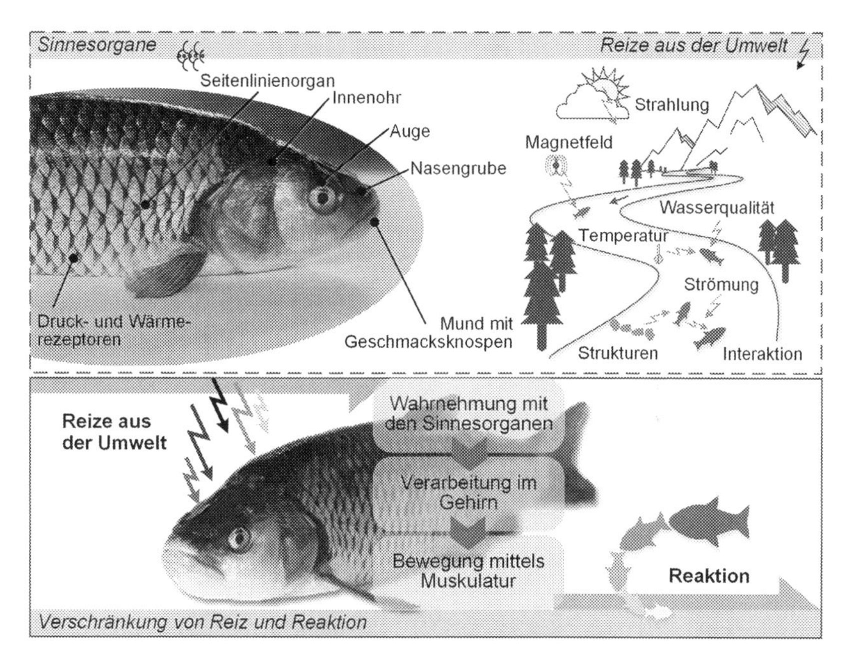

Abb. 1.3 Die Sinnesorgane eines Fisches und mögliche Umweltreize (oben) und der Weg vom Umweltreiz zur Reaktion (unten)

Reize bei Berührung von Konturen und Oberflächen). Diese Reizüberlagerung als Summe führt zu einem situationsspezifischen Verhalten, welches anders geartet sein kann als bei einem alleinigen Strömungsreiz. Hinzu kommt die Tatsache, dass die Reizschwellen von Fischen und damit auch die Wahrnehmung nicht nur zwischen- sondern auch innerartlich (z. B. in Abhängigkeit des Altersstadiums) verschieden sind.◄

Zur Erforschung neuer Reiz-Reaktions-Kombinationen muss folglich der im Fokus stehende Reiz unter konditionierten Laborbedingungen aus der Masse an Umwelteinflüssen herausgefiltert werden. Andere Reize lassen sich dabei selbst im Laborversuch kaum komplett ausblenden – jedoch können diese konstant gehalten oder im Rahmen von Validierungsversuchen gezielt verstärkt eingeblendet werden. Dem im Versuch eingestellten primären Reiz soll dann aus den Tests ein reproduzierbares Verhalten zugeordnet und dessen Übertragbarkeit auf die

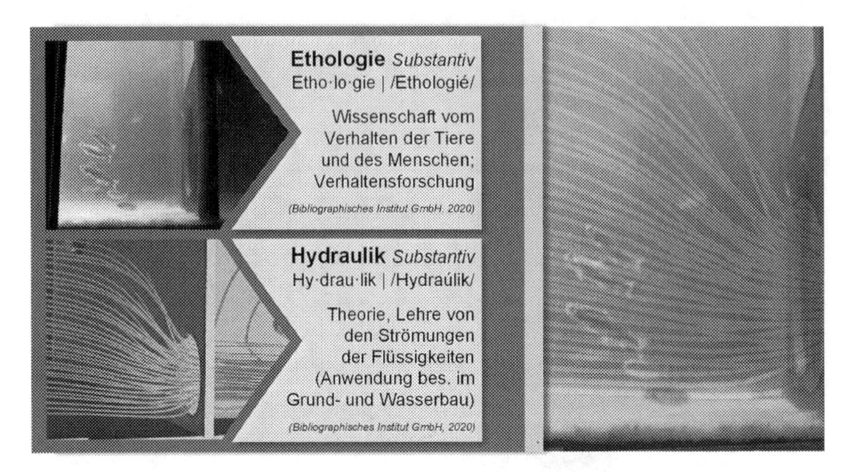

Abb. 1.4 Die Transdisziplin Ethohydraulik ergibt sich aus der Verschneidung der Fachdisziplinen Ethologie und Hydraulik: Verhaltensbeobachtungen vor einem Bypass zur Untersuchung des Fischabstieges (oben links); Strömungssignatur im Versuchs (unten links); Graphische Überlagerung von Reiz und Verhalten (rechts)

Natursituation dargelegt werden. Genau zu diesem Zweck wird die Transdisziplin der Ethohydraulik erkenntnisbringend eingesetzt (Abb. 1.4).

Worauf bei ethohydraulischen Laboruntersuchungen methodisch zu achten ist, wird im folgenden Kapitel erläutert.

Literatur

Adam, B. (2010). Anforderungen an die lineare und laterale Durchgängigkeit. *Fischwanderung und die Bedeutung der Auenhabitate*. BfN-Skripten, 280 (S. 12–25).

Bates, K. (2000). *Fishway guidelines for Washington State* (Richtlinien-Entwurf 4/25/00). Washington Department of Fish and Wildlife.

Bleckmann, H., Mogdans, J., Engelmann, J., Kröther, S., & Hanke, W. (2004). Das Seitenliniensystem. Wie Fische Wasser fühlen. *Biologie in unserer Zeit, 34*(6), 358–365.

Deutsche Vereinigung für Wasserwirtschaft, Abwasser und Abfall e. V. (2005). *Fischschutz- und Fisch-abstiegsanlagen – Bemessung, Gestaltung, Funktionskontrolle*. Hennef.

Deutsche Vereinigung für Wasserwirtschaft, Abwasser und Abfall e. V. (2014). *Merkblatt DWA-M 509: Fischaufstiegsanlagen und fischpassierbare Bauwerke – Gestaltung, Bemessung, Qualitätssicherung*. Hennef.

Europäisches Parlament und Rat der Europäischen Union. (2000). *Richtlinie 2000/60/EG des Europäischen Parlaments und Rates der Europäischen Union vom 23. 10. 200 zur Schaffung eines Ordnungsrahmens für Maßnahmen der Gemeinschaft im Bereich der Wasserpolitik.* Amtsblatt der Europäischen Gemeinschaften L 327/1–327/72 vom 22.12.2000.

Gough, P., Philipsen, P., Schollema, P. P., & Wanningen, H. (2012). *From sea to source: International guidance for the restoration of fish migration highways.* Veendam: Regional Water Authority Hunze en Aa's.

Ministerium für Umwelt und Naturschutz, Landwirtschaft und Verbraucherschutz des Landes Nord-rhein-Westfalen. (2005). *Handbuch Querbauwerke.* Aachen: Klenkes.

Larinier, M., Travade, F., & Porcher, J. P. (2002). Fishways: Biological basis, design criteria and monitoring. *Bulletin Français de la Pêche et de la Pisciculture,* 354.

Lucas, M.C., & Baras, E. (2001). *Migration of freshwater fishes.* Oxford: Blackwell Science.

Schwevers, U., & Adam, B. (2020). *Fish Protection Technologies and Ways for Downstream Migration.* Cham: Springer Nature.

Silva, A. T., Lucas, M. C., Castro-Santos, T., Katopodis, C., Baumgaertner, L. J., Thiem, J. D., Aarestrup, K., Pompeu, P. S., O'Brien, G. C., Braun, D. C., Burnett, N. J., Zhu, D. Z., Fjeldstad, H.-P., Forseth, T., Rajaratnam, N., Williams, J. G., & Cooke, S. J. (2018). The future of fish passage science, engineering, and practice. *Fisch and Fischeries, 19*(2), 340–362.

2 Philosophie und Methode

Fachdisziplin Ethohydraulik – wie geht das?

Im Zentrum ethohydraulischer Untersuchungen stehen Beobachtungen von Wassertieren unter einstellbaren Umweltbedingungen, welche in der Regel in Wasserbaulaboren durchgeführt werden. Aus den Beobachtungen gilt es, charakteristische Verhaltensweisen und deren Ursachen als Befunde abzuleiten. Die Befunde müssen dann sorgfältig für die Praxis validiert und je nach Anwendungsfall in ingenieurfachliche Gestaltungs-, Planungs- und Bemessungsempfehlungen für wasserbauliche Anlagen transferiert werden. Darüber hinaus leisten ethohydraulische Untersuchungen auch einen Beitrag zur Definition der Lebensraumansprüche von Wassertieren in Form von messbaren Grenz- und Schwellenparametern oder gar zu deren sozialen Interaktionen in Form von qualitativen Aussagen (bspw. zum Schwarmverhalten).

Somit gilt es, eine komplexe Freilandsituation mittels eines Laborversuches nachzustellen, Wassertiere dort einzusetzen und deren Verhalten zu beobachten. Der ethohydraulische Erkenntnisgewinn resultiert daraus, dass die verhaltensbiologischen Befunde mit erhobenen Messdaten des Versuchsgeschehens korreliert werden, woraus schließlich praxistaugliche Empfehlungen transferiert werden. Folglich nutzen seriöse ethohydraulische Studien eine Methodik mit drei Hauptphasen, welche durch Koppelprozeduren miteinander verbunden sind (Abb. 2.1).

Die Phasen *Voranalyse – Ethohydraulischer Test – Transfer* sind mit den Zwischenschritten *Situative Ähnlichkeit* und *Ethohydraulische Signatur* miteinander verbunden. Im Folgenden werden die einzelnen Schritte und deren Kopplung vereinfacht erläutert – für eine detaillierte Darlegung der methodischen Inhalte und Möglichkeiten wird auf die Fachliteratur verwiesen (Adam und Lehmann 2011).

B. Lehmann et al., *Ethohydraulik*, essentials,
https://doi.org/10.1007/978-3-658-32824-5_2

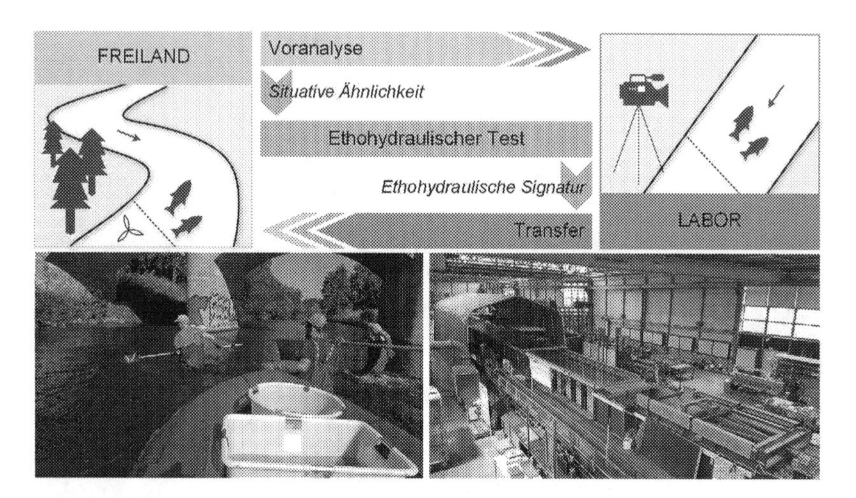

Abb. 2.1 Die drei Phasen der Ethohydraulik (oben) zwischen Freiland (unten links) und Labor (unten rechts)

2.1 Phase 1: Voranalyse

Ethohydraulische Studien finden als großräumige Laborversuche statt, da sich hier die Randbedingungen einstellen lassen und zudem eine gute Einsehbarkeit des Versuchsgeschehens gegeben ist. Die bei realen wasserbaulichen Anlagen und in Gewässern auftretenden hydraulischen Bedingungen lassen sich in einem Laborversuch aufgrund der infrastrukturellen Kapazitäten zumeist nicht vollumfänglich und maßstabsgleich nachbilden. Deshalb werden für ethohydraulische Laborstudien physikalische Modelle angefertigt, die stets nur einen Ausschnitt der Realität möglichst realmaßstäblich abbilden.

Die Arbeiten der Voranalyse stellen dabei sicher, dass die auf die Organismen im Gewässer einwirkende Realsituation situativ so ähnlich wie möglich in dem Labormodell nachgebildet wird. Dabei ist neben der Abbildung der hydraulischen Situation und weiterer Reize aus der Umwelt zu gewährleisten, dass die eingesetzten Tiere unterschiedlicher Arten und Größen im Versuchsstand mit einem quasi natürlichen Verhalten reagieren können – ihnen also genug Raum zur Verfügung steht. Dazu muss in der Voranalyse beispielsweise mittels einer Naturmesskampagne oder einer hydrodynamisch-numerischen Strömungssimulation sorgfältig bestimmt werden, ob und in wie weit die fragliche wasserbauliche

Situation in einem Ausschnittsmodell abgebildet werden kann. In diesem Kontext ist auch festzulegen, in welchem Umfang sich die Realsituation ggf. für die ethohydraulische Untersuchung überhaupt abstrahieren lässt, damit den eingesetzten Tieren noch eine der Natursituation möglichst exakt entsprechende Laborsituation angeboten werden kann.

Dieser Arbeitsschritt macht den transdisziplinären Anspruch der Ethohydraulik besonders deutlich, da es für das wasserbauliche Modell auch biologische Anforderungen einzuhalten gilt, was ohne spezifische art- und verhaltensbiologische Kenntnisse kaum gelingen kann (Abb. 2.2).

Konkret gilt es, in der Voranalyse für die zu untersuchende Situation zunächst verhaltensrelevante (qualitative bzw. beschreibende) Aspekte hypothetisch zu definieren. Zu diesen Aspekten müssen nun erfass- und bewertbare Parameter zusammengestellt werden (bspw. Anforderungen an geometrische Parameter wie Breite und Wassertiefe, an hydraulische Parameter wie minimale, mittlere und maximale Strömungsgeschwindigkeit und an ökologische Anforderungen wie das

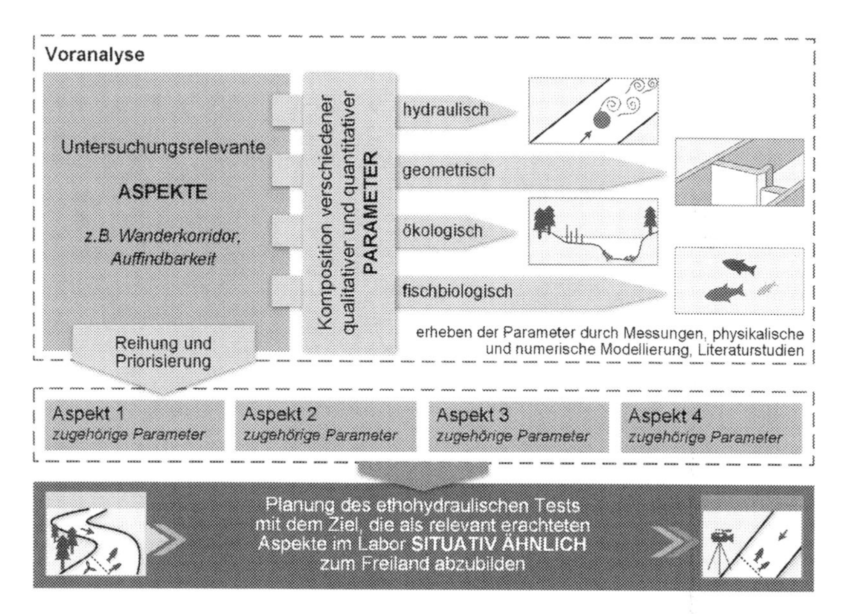

Abb. 2.2 Arbeitsschritte der Voranalyse zur Erreichung einer situativen Ähnlichkeit zwischen der untersuchungsrelevanten Natur- und Modellsituation

Vorhandensein einer Sohlenstruktur und Parameter der Lichtverhältnisse, der Wasserqualität und -temperatur). Mit Blick auf die fokussierte Untersuchungsfrage sind die identifizierten Aspekte dann wiederum hypothetisch zu reihen (bspw. kann die Hypothese formuliert werden, dass das Strömungsgefüge und die räumliche Ausdehnung bei einer Anlage für die Wassertiere eine höhere Relevanz als die Sohlenstruktur oder einzelne Parameter der Wassergüte haben). Für die als prioritär gereihten Aspekte und deren Parameter gilt es nun, das Ausschnittsmodell im Labor so zu planen, dass diese möglichst naturidentisch dort eingestellt werden können. Andere Aspekte werden im Labormodell dann bewusst nur vereinfacht abgebildet, konstant gehalten oder ganz vernachlässigt.

Beispiel: Fischpassierbares Raugerinne mit Stützsteinen

Mittels ethohydraulischer Laborversuche sollen Vorgaben zur Gestaltung eines fischpassierbaren Raugerinnes mit einzelnen aus der Sohle herausragenden Stützsteinen erarbeitet werden. Konkrete Planungen zu dem Raugerinne sowie einige Informationen zu dem erwarteten hydraulischen Gefüge in der Anlage liegen bereits vor. Bei den ethohydraulischen Versuchen geht es sowohl um den erforderlichen Abfluss als auch um die Dimension und Anordnung der Stützsteine, damit im Raugerinne eine für wanderwillige Fische attraktive und passierbare Strömungssignatur mit ausreichender Wassertiefe entsteht (Abb. 2.3, links). Aus Platz- und Ressourcengründen ist der Aufbau des gesamten Raugerinnes im Realmaßstab nicht möglich. Daher soll im Labor nur ein repräsentativer Ausschnitt des Raugerinnes im Realmaßstab nachgebaut werden. Für die situative Ähnlichkeit des Ausschnittsmodells wird der Aspekt „Wanderkorridor“ als erste Priorität gesetzt. Darin enthalten sind die Parameter Wassertiefe, Strömungsgeschwindigkeiten, Steinabmessungen und Steinabstände sowie Strömungszonen wie bspw. Rückströmbereiche, Totwasserzonen oder stark verwirbelte Nachlaufströmungen an den Stützsteinen. Weitere Aspekte (bspw. Wasserqualität, Lichtverhältnisse, Abflussschwankungen) sind für die ethohydraulischen Studien zunächst als nicht prioritär eingestuft und werden demnach bei den Versuchen konstant gehalten. Das Labormodell wird grundsätzlich so gesteuert, dass die Wassertiefen und Abflüsse den Planungsdaten des realen Raugerinnes entsprechen (Abb. 2.3, rechts). Im Zuge der ethohydraulischen Tests im Labor wird dann das Fischverhalten für verschiedene Anordnungsvarianten der Stützsteine untersucht und aus den Befunden können schließlich Praxisvorgaben bzgl. des Besatzmusters der Stützsteine und deren Dimensionen abgeleitet werden.◀

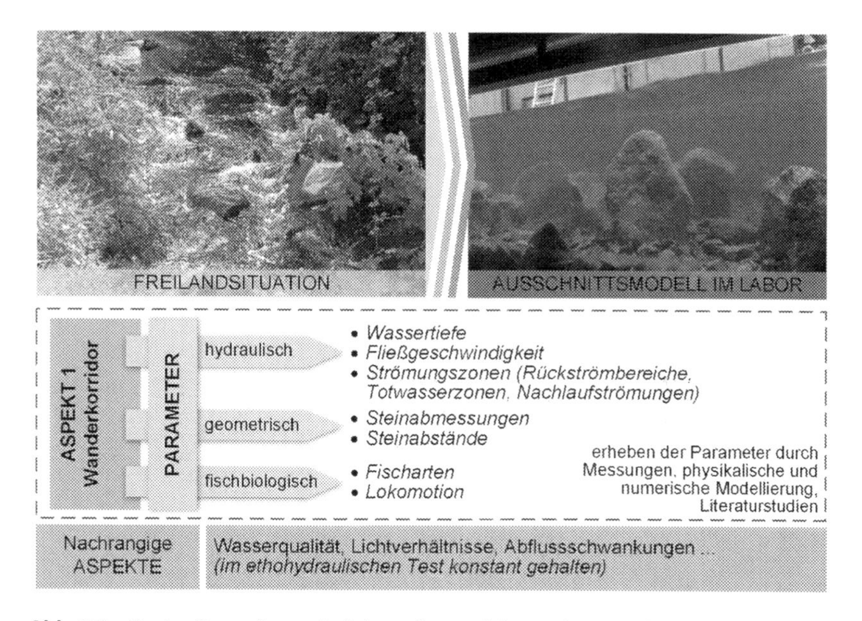

Abb. 2.3: Reales Raugerinne mit dichtem Stützsteinbesatz kurz vor Inbetriebnahme (oben links) und zugehöriges situativ ähnliches Labor-Ausschnittsmodell für ethohydraulische Untersuchungen (oben rechts)

2.2 Die situative Ähnlichkeit als Übergang

Das Ergebnis der Voranalyse ist demnach eine konkrete Konstruktions- und Betriebsvorgabe für das Labormodell, in dem dann der nächste Schritt – die ethohydraulischen Tests mit Lebendtieren – stattfinden wird. Die Vergleichbarkeit einer verhaltensrelevanten baulichen und/oder hydraulischen Situation zwischen der Natur einerseits und den für die ethohydraulische Untersuchung geschaffenen Bedingungen im Labormodell andererseits wird im Sinne der Kopplung der beiden Schritte als *situative Ähnlichkeit* bezeichnet.

2.3 Phase 2: Ethohydraulische Tests

In den eigentlichen ethohydraulischen Tests werden aus dem Freiland entnommene aquatische Organismen unterschiedlicher Art und Größe im situativ ähnlichen Modell mit der fraglichen baulichen und/oder hydraulischen Situation konfrontiert. Hierzu gelten die gesetzlichen Auflagen zu Tierversuchen und zur Haltung von Versuchstieren, womit behördliche Genehmigungen notwendig werden (Adam et al. 2013).

In diesem Arbeitsschritt gilt es, das Verhalten der Probanden zu beobachten und solche Reaktionsweisen zu identifizieren, die quasi eine Antwort auf die vorgegebene Situation darstellen, beispielsweise ein Erkundungs-, Meide-, Scheu- oder Fluchtverhalten. Zudem gilt es herauszufinden, welche konstruktiven oder hydraulischen Parameter in welchem Wertebereich das identifizierte Verhalten der Tiere auslösen. Hierbei handelt es sich zumeist um geometrische Abmessungen, Strömungsgeschwindigkeiten oder Turbulenzgrößen. Von aussagekräftiger Relevanz sind dabei nur solche Verhaltensweisen, die in stets gleicher Weise bei unterschiedlichen Probanden im Sinne reproduzierbarer Antworten auf einen bestimmten Reiz oder eine komplexe Testbedingung ablaufen (Abb. 2.4).

Im Zentrum ethohydraulischer Tests stehen demnach detaillierte Verhaltensbeobachtungen und deren chronologische Protokollierung. Unterstützend dazu bieten sich Filmaufnahmen während der Tests aus verschiedenen Perspektiven sowie das Aufnehmen von Fotos spezieller Situationen an. So kann im Nachgang des eigentlichen Versuches eine dezidierte Auswertung der dokumentierten Verhaltensweisen erfolgen. Als hilfreich dafür hat sich die Definition sog. Reaktionsräume für die Versuche erwiesen – damit können relevante Bereiche im Versuchsraum verortet und charakteristischen Verhaltensweisen klar zugeordnet werden.

Das recht einfach zu bewerkstelligende Zählen von beobachteten Ereignissen und deren statistische Auswertung können für die Untermauerung der aus den Verhaltensbeobachtungen abgeleiteten Befunde sinnvoll sein. Statistische

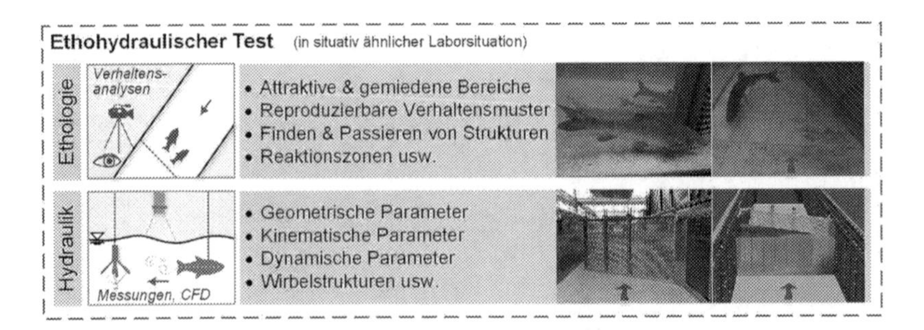

Abb. 2.4 Arbeitsschritte während der Phase des ethohydraulischen Tests

Ereignisanalysen ohne Verhaltensbeobachtungen sind jedoch kein Ersatz für die detaillierten Verhaltensbeobachtungen: Die Versuchsdynamik an sich kann mit dem Zählen lokaler Ereignisse nämlich nicht abgebildet werden und zudem genügt die Anzahl der verfügbaren Probanden und Versuche in der Regel nicht als Ereignisgrundmenge für eine schließende Statistik (Böckmann 2020). In Abschn. 3.1 wird dies an einem Beispiel verdeutlicht.

Beispiel: Reaktionsräume zur Verhaltensbeobachtung an einem Schutzrechen-Bypassrinnen-System

Mittels ethohydraulischer Untersuchungen soll die Gestaltung und Funktion eines flach zur Sohle geneigten Schutzrechens mit angeschlossener Bypassrinne als Abwanderkorridor für Fische an Wasserkraftanlagen getestet werden, um aus den Befunden konkrete Konstruktions- und Betriebsempfehlungen abzuleiten. Dazu wird in einer großen Laborrinne ein Ausschnittsmodell aufgebaut, bei dem verschiedene Randbedingungen für die ethohydraulischen Tests variiert werden können (bspw. Rechenneigung, Wasserstand, Anströmgeschwindigkeit, Bypassrinnengestaltung) (Abb. 2.5).

Innerhalb des Versuchsraumes können sich die eingesetzten Fische frei bewegen. Dabei lassen sich bei den verschiedenen Arten bzw. ihren Entwicklungsstadien innerhalb bestimmter Abschnitte am Flachrechen-Bypassrinnen-System charakteristische, stets in gleicher Art und Weise ablaufende Reaktionen und Verhaltensmuster beobachten. Um die Beobachtungen systematisieren und zudem mit weiterführenden hydrometrischen Messungen und den Einstellungen der Anlagenkomponenten synchronisieren zu können, werden drei voneinander abgegrenzte Reaktionsräume definiert: Der Reaktionsraum A erstreckt sich von Oberwasser her kommend entlang der Rinne bis zum Rechenfuß und reicht in der Vertikalen von der Sohle bis zur Wasseroberfläche. In diesem Raum wird das Verhalten der Fische bei der Annäherung an den Flachrechen untersucht. Im Reaktionsraum B direkt am Flachrechen ist das Verhalten der Probanden auf und über der Rechenfläche zu beobachten. Der Reaktionsraum C umfasst den Übergang von der Rechenoberkante in die Bypassrinne – in diesem Raum entscheidet sich, ob und unter welchen Voraussetzungen die Probanden das Flachrechen-Bypassrinnen-System als Abwanderkorridor akzeptieren.◄

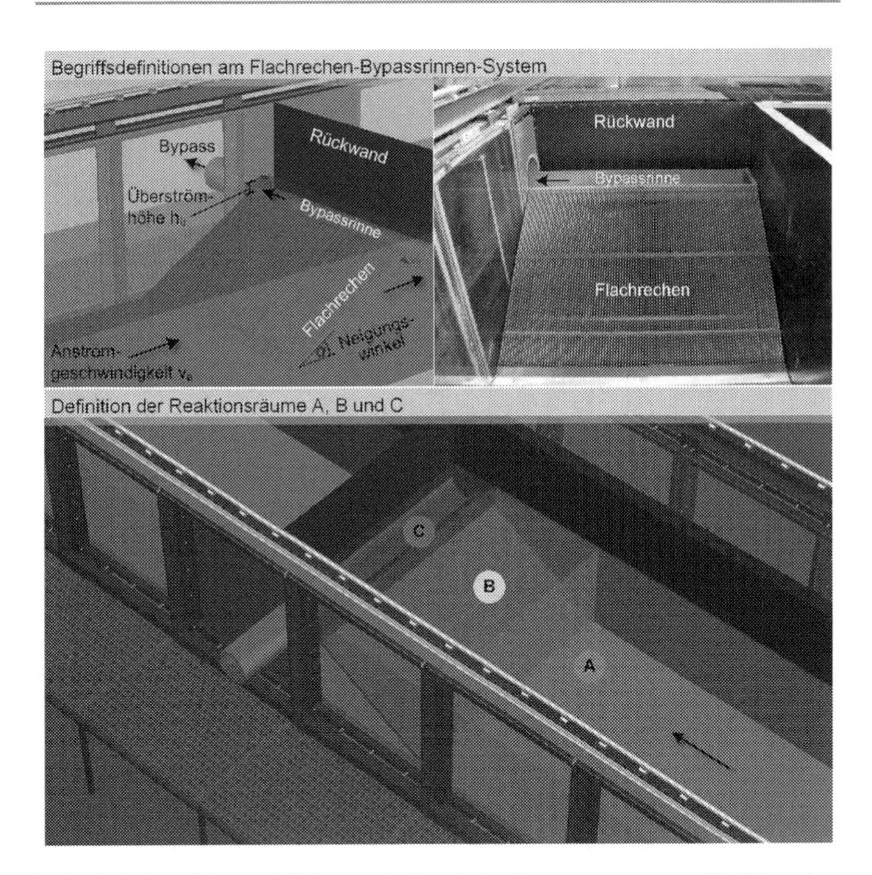

Abb. 2.5 Ausschnittsmodell für ethohydraulische Untersuchungen zur Funktion eines Flachrechen-Bypassrinnen-Systems mit einzelnen Komponenten (Bildreihe oben) und definierten Reaktionsräumen (Bild unten)

2.4 Die ethohydraulische Signatur als Übergang

Ist durch die Tests eine Reiz- resp. Parameter-Reaktions-Konstellation erkannt, müssen Grundlagen für die Übertragung der ethohydraulischen Ergebnisse auf die Natursituation geschaffen werden. Dies bedeutet, dass diejenigen Parameter benannt und deren Konstellation durch Messungen quantifiziert werden müssen, die das beobachtete Verhalten der Tiere höchstwahrscheinlich ausgelöst oder beeinflusst haben. Es gilt demnach, von der beschriebenen Beobachtung einer Reaktion eine durch Parameter belegte ethohydraulische Signatur zu erstellen.

Mit dem Begriff der hydraulischen Signatur (lateinisch; signatum = das Gezeichnete) wird die Charakteristik und Einzigartigkeit eines Strömungsphänomens bezeichnet. Für Wasserlebewesen relevante hydraulische Signaturen wurden verschiedentlich im Rahmen von physiologischen Experimenten ermittelt (u. a. Lupandin 2005; Liao 2007) oder sie finden im Sinne von Annahmen mit Begriffen wie „Stream Habitat Types" (Aadland 1993), „Hydraulic Stream Ecology" (Statzner et al. 1988) und „Hydraulic Signature" (Coarer 2007) Eingang in Habitat-Modelle.

Um die ethohydraulische Signatur zu beschreiben, sind grundsätzlich die gleichen geometrischen, kinematischen und dynamischen Parameter geeignet, die der situativen Ähnlichkeit zugrunde liegen. Aus der Vielzahl möglicher Parameter sind allerdings diejenigen auszuwählen, die im anschließenden Transferprozess die Ableitung praktisch anwendbarer Maßnahmen, Regeln und Vorschriften erlauben. Die Erfassung und Darstellung der ethohydraulischen Signatur erfolgt vereinfacht dargestellt in drei aufeinander aufbauenden Schritten:

1. Kopplung zwischen dem Verhalten der Probanden und den verhaltensauslösenden Gegebenheiten, z. B. Strukturen und Strömungen in deklarierten Reaktionsräumen.
2. Es werden durch hydrometrische Rastermessungen möglichst viele Parameter erfasst (z. B. Geometrien, Strömungsühänomene wie Wirbel- und Turbulenzstrukturen und deren Spektren). Diese Daten stellen, zusammen mit den Verhaltensdaten aus (1), die ethohydraulische Signatur dar.
3. Sofern verfügbar, werden die Werte der verhaltensauslösenden Aspekte mit bekannten Reizschwellen oder Grenzwerten (z. B. zum Leistungsvermögen der Tiere) verglichen, um die Bedeutung der Parameter bspw. in Form eines ethohydraulischen Diagrammes sichtbar zu machen und zu beurteilen.

Beispiel: Ethohydraulische Signatur und ethohydraulisches Diagramm zur Fischpassierbarkeit eines Schlitzpasses

Im Rahmen der Planung eines großen Schlitzpasses als Fischaufstiegsanlage an einer Wehranlage soll die Passierbarkeit der Schlitzströmungen speziell für schwimmschwache Fische ethohydraulisch untersucht werden. Dazu werden ethohydraulische Tests in einem großskaligen situativ ähnlichen Ausschnittsmodell mit mehreren Schlitz-Becken-Konfigurationen durchgeführt. Als Primärreiz für die eingesetzten Fische werden bei der Schlitzpassage die dortigen Strömungsverhältnisse angenommen, wohingegen Parameter wie Wassertiefe oder Sohlenbeschaffenheit als Sekundäraspekte deklariert werden. Zur Herleitung des ethohydraulischen Diagramms wird daher zunächst die Strömungssituation rein qualitativ beschrieben (Abb. 2.6, links). Im Nahbereich eines Schlitzes wird sodann ein Messraster definiert und mittels hydrometrischer Methoden für alle Messpunkte die Strömungsgeschwindigkeiten und -richtungen wie auch deren zeitliche Schwankungen erfasst – hierbei ist eine Darstellung bspw. mittels Vektoren möglich (Abb. 2.6, rechts). Durch

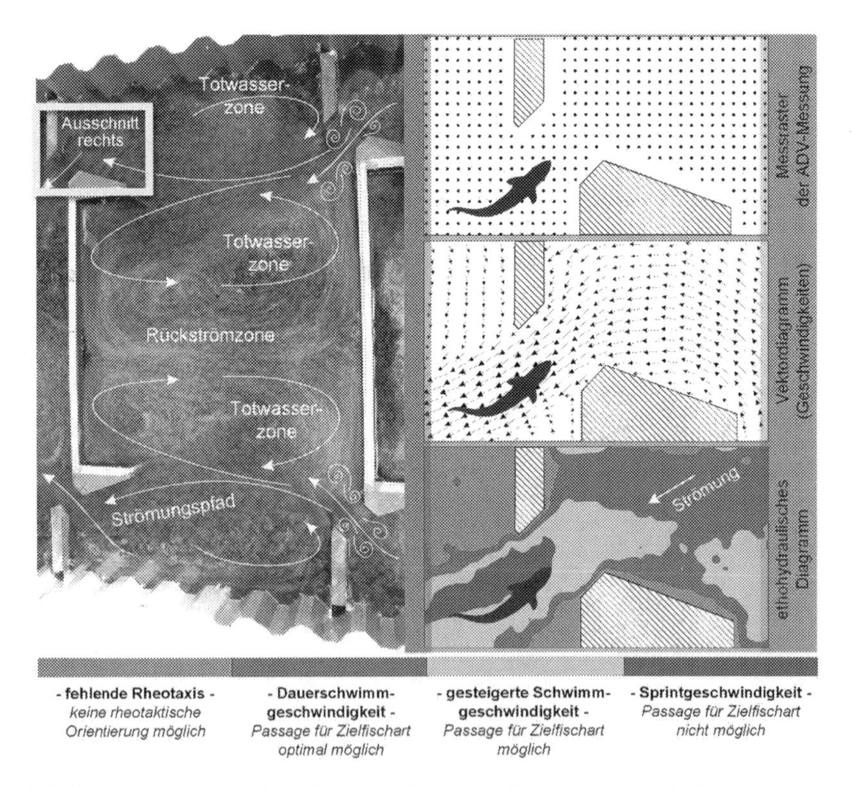

Abb. 2.6 Von der qualitativen Strömungssignatur (links) über punktuelle Strömungsmessungen (oben rechts und Mitte) zum ethohydraulischen Diagramm mit den visualisierten Leistungsbereichen der Fische bei der Passage (rechts unten)

das Verschneiden der gemessenen Strömungswerte mit fischartenspezifischen Schwimmleistungswerten können für die untersuchten Varianten ethohydraulische Diagramme erstellt und für eine Bewertung herangezogen werden (Abb. 2.6, rechts unten).◀

2.5 Phase 3: Transfer

Durch das Verschneiden der Erkenntnisse über die Reaktionsweisen der Probanden und einzelne Parameter oder auch Parameterkombinationen wird es möglich, von der ethohydraulischen Laboruntersuchung auf die korrespondierende Natursituation zu schließen. Bei Gewährleistung der situativen Ähnlichkeit kann davon ausgegangen werden, dass die betrachteten Probanden in der Freilandsituation auf die gleichen Reize bzw. Reizkonstellationen stets in sehr ähnlicher Weise reagieren wie im Laborversuch. Damit lassen sich beim Transferprozess folgende Ziele erreichen:

- Transfer ethohydraulischer Befunde für die Konstruktion einer speziellen wasserbaulichen Anlage unter Beachtung der dortigen Randbedingungen;
- Transfer ethohydraulischer Befunde in parameterbasierte Grenzwerte, die allgemeingültig bei unterschiedlichsten wasserbaulichen Maßnahmen zu berücksichtigen sind;
- Transfer ethohydraulischer Befunde in qualitative Regeln, welche situationsbezogen vom Planer wasserbaulicher Maßnahmen nach Möglichkeit einzuhalten sind.

Eine Validierung der Laborbefunde durch Freilandversuche sollte im Rahmen des Transferprozesses zudem angestrebt werden, auch wenn dies einen bedeutenden zusätzlichen Aufwand mit sich bringt. Der Einsatz moderner Telemetrie- und Sonartechniken sowie neuartiger Messsonden kann hierbei eine wichtige Rolle spielen (vgl. Kap. 4).

Literatur

Aadland, L. P. (1993). Stream habitat types: Their fish assemblages an relation-ship to flow. *North American Journal of Fisheries Management, 13,* 790–806.

Adam, B., & Lehmann, B. (2011). *Ethohydraulik – Grundlagen, Methoden, Erkenntnisse.* Heidelberg: Springer.

Adam, B., Schürmann, M., & Schwevers, U. (2013). *Zum Umgang mit aquatischen Organismen*. Wiesbaden: Springer Spektrum.

Böckmann, I. (2020). Entwicklung eines Verfahrenskataloges für statistisch abgesicherte etho-hydraulische Forschungen. In Technische Universität Darmstadt (Hrsg.), *Mitteilungen des Instituts für Wasserbau und Wasserwirtschaft*, 157. https://doi.org/10.25534/tuprints-00011586.

Coarer, Y. L. (2007). Hydraulic signatures for ecological modelling at different scales. *Aquatic Ecology, 41,* 451–459.

Liao, J. C. (2007). A review of fish swimming mechanics and behaviour in altered flows. *Philosophical Transactions of The Royal Society B Biological Sciences, 362,* 1973–1993.

Lupandin, A. I. (2005). Effect of Flow Turbulence on Swimming Speed of Fish. *Biology Bulletin, 32*(5), 461–466.

Statzner, B., Gore, J. A., & Resh, V. H. (1988). Hydraulic Stream Ecology: Observed Patterns and Potential Applications. *Journal of the North American Benthological Society, 7*(4), 307–360.

3 Beispiele aus der Praxis

Ethohydraulische Befunde – was bedeutet das?

Verhaltensbeobachtungen mit Tieren erfordern generell viel Geduld und Aufmerksamkeit, zumal zu Beginn einer ethohydraulischen Versuchsreihe nicht absehbar ist, welche Reaktionen die Fische auf die ihnen dargebotene Versuchskonstellation zeigen werden. Nicht selten scheinen zudem Beobachtungen zunächst keine schlüssigen und in Hinblick auf die zu beantwortende Fragestellung interpretierbaren Befunde zu ergeben. Erst Wiederholungsversuche mit gleichem Versuchsaufbau und gleichen Randbedingungen (sog. Setup) oder vergleichende Tests mit jeweils nur einem einzigen veränderten Versuchsparameter lassen reproduzierbare, d. h. nach stets dem gleichen Muster ablaufende Verhaltensweisen erkennen, die sich als Antwort der Probanden auf die jeweils gebotene Situation interpretieren lassen.

Um belastbare, auf die Freilandsituation übertragbare Befunde zu erzielen, ist eine sorgfältige Versuchsplanung notwendig sowie die konsequente Beachtung der von Adam und Lehmann (2011) aufgestellten methodischen Standards. Nachfolgend werden typische, häufig gemachte Fehler beschrieben und anhand von Beispielen wird die praktische wasserbauliche Umsetzung ethohydraulischer Befunde dargestellt.

3.1 Die Tücken der Ethohydraulik

Beobachten versus Zählen

Die Art und Weise der Durchführung und Auswertung ethohydraulischer Tests beeinflusst die Befunde und kann zu Fehlinterpretationen führen. Besonders groß ist die Gefahr falscher Rückschlüsse, wenn auf die reine Zählung von Ereignissen

B. Lehmann et al., *Ethohydraulik*, essentials,
https://doi.org/10.1007/978-3-658-32824-5_3

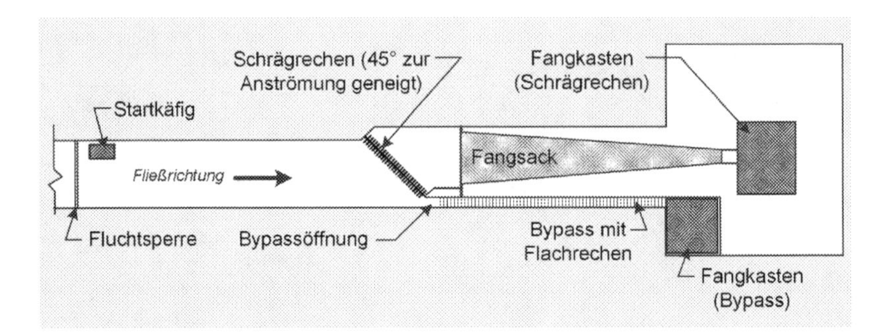

Abb. 3.1 Setup von Amaral et al. (2003) zur Untersuchung der Wirksamkeit eines im Winkel von 45° zur Anströmung schräg gestellten Rechens mit einem Stababstand von 25 mm (Graphik verändert nach Amaral et al. 2003)

fokussiert wird, z. B. wie viele Fische eine Öffnung durchschwimmen. Ein Beispiel für solche Fehlinterpretationen sind Untersuchungen von Amaral et al. (2003) an einem Schrägrechen (Abb. 3.1). Solche Rechen sind an vielen Standorten in den USA im Einsatz, um Lachssmolts einem im spitzen Winkel am abstromigen Ende positionierten Bypass zuzuleiten. Im Rahmen der Untersuchung sollte geklärt werden, ob diese Leitwirkung auch bei Amerikanischen Aalen der Art *Anguilla rostrata* auftritt. Der Nachweis sollte durch die Anzahl der in zwei unterschiedlichen Fanggeräten gefangenen Versuchsfische erbracht werden. Hierbei handelte es sich einerseits um einen hinter dem Rechen angeordneten Fangsack mit -kasten und andererseits um einen der Bypassöffnung nachgeschalteten Fangkasten.

Da Aale als dämmerungs- und nachtaktiv bekannt sind, wurden die Probanden jeweils in den Abendstunden in das durchströmte Laborgerinne eingesetzt. Es erfolgten jedoch keine Verhaltensbeobachtungen, sondern am Morgen wurde lediglich gezählt, wie viele Aale in den beiden Fanggeräten enthalten waren. Hierbei enthielt der Fangkasten hinter dem Bypass jeweils wesentlich mehr Exemplare als die Fangeinrichtung hinter dem Rechen. Die Autoren schlossen hieraus auf eine Leitwirkung des Rechens und publizierten die darauf basierende Empfehlung, Bypässe am stromabwärtigen Ende von Schrägrechen zu positionieren. Auch in Europa wurden daraufhin Schrägrechen, hier explizit als „Leitrechen“ bezeichnet, zur Gewährleistung der Aalabwanderung empfohlen (Ebel 2013 u. a.). Erst etliche Jahre später wurden die Aussagen von Amaral et al. (2003) revidiert, nachdem weder bei erneuten ethohydraulischen Tests noch bei Freilanduntersuchungen in den USA eine Leitwirkung von Schrägrechen gegenüber Aalen festzustellen war (Electrical Power Research Institute [EPRI] 2016).

Die Ursache für diese Diskrepanz der Befunde liegt im Versuchsaufbau und in der Auswertungslogik der o. a. ethohydraulischen Untersuchungen. Dabei wurden nämlich überwiegend sehr große Aale eingesetzt, die nicht in der Lage waren, den 25 mm-Rechen zu passieren. Unabhängig davon, wie häufig sie den Rechen im Verlauf der Nacht anschwammen, konnten sie ihn nicht passieren und folglich auch nicht in die dahinter angeordnete Fangeinrichtung geraten. Die Bypassöffnung hingegen mussten sie nur ein einziges Mal passieren, um in dem nachgeschalteten Fangkasten nachgewiesen zu werden. Zwangsläufig waren deshalb morgens stets die meisten Aale im Fangkasten am Ende des Bypasses enthalten. Und da nur Zählungen, aber keine Sichtbeobachtungen durchgeführt worden waren, blieben den Experimentatoren die tatsächlichen Zusammenhänge zwischen dem Anschwimmverhalten der Aale am Rechen und der Auffindbarkeit der Bypassöffnung verborgen.

In Deutschland waren bereits Ende der 1990er Jahre im Laborgerinne der Technischen Universität Darmstadt vergleichbare ethohydraulische Untersuchungen zur Leitwirkung von Schrägrechen durchgeführt worden. Hierbei ergaben direkte Sichtbeobachtungen, dass sich Europäische Aale *(Anguilla anguilla)* nicht durch einen Schrägrechen leiten lassen (Adam et al. 1999). Die Gründe für das Versagen dieser Konstellation gegenüber Aalen waren damals allerdings noch nicht verstanden. Klarheit erbrachten erst 15 Jahre später durchgeführte, vergleichende ethohydraulische Untersuchungen zum Verhalten verschiedener Arten an einem Schrägrechen (Lehmann et al. 2016). Hierbei zeigten sich grundlegende Verhaltensunterschiede in Abhängigkeit vom Lokomotionstyp (Abb. 3.2, Bone und Marshall 1985):

Abb. 3.2 Lokomotionstypen (Graphik verändert nach Hoar und Randall 1978)

- Die meisten heimischen Arten, beispielsweise Lachs-, Barsch- und Karpfenartige (*Salmonidae, Percidae* und *Cyprinidae*), gehören dem sogenannten subcarangiformen Lokomotionstyp an. Sie bewegen sich durch kräftige Schläge mit ihrer Schwanzflosse fort, verfügen also über einen „Heckantrieb".
- Arten vom anguilliformen Lokomotionstyp hingegen erzeugen ihren Vortrieb durch schlängelnde Körperbewegungen, die durch einen oder mehrere Flossensäume unterstützt werden. Diese Arten, zu denen neben dem Aal auch Neunaugen *(Petromyzontiformes),* der Wels *(Silurus glanis)* und die Quappe *(Lota lota)* zählen, können zwar sowohl vorwärts als auch rückwärts schwimmen, doch ist diese Vortriebserzeugung weniger effektiv und die erreichbare Schwimmgeschwindigkeit im Vergleich zu subcarangiformen Arten deutlich geringer.

Die ethohydraulischen Tests von Lehmann et al. (2016) wurden mit einem im Winkel von 18° zur Anströmung gestellten Rechen mit horizontalen Rechenstäben durchgeführt (Abb. 3.3). Die lichte Weite des Rechens betrug 12 mm, sodass die Probanden nicht in der Lage waren, ihn zu passieren.

Aale zeigten an diesem Rechen genau das gleiche Verhalten, wie bereits von Adam et al. (1999) für orthogonal angeströmte Rechen beschrieben: Sie kollidieren bei der Abwanderung mit dem Rechen, zeigen daraufhin eine Umkehrreaktion,

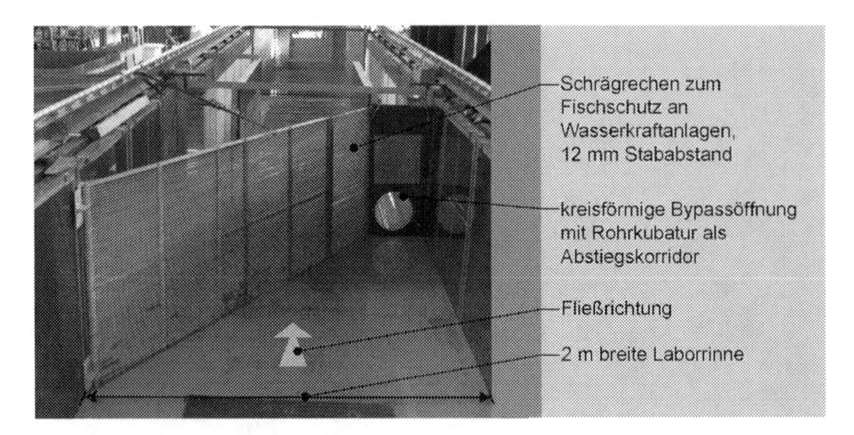

Abb. 3.3 Setup für ethohydraulische Tests mit anguilliformen und subcarangiformen Arten an einem Schrägrechen; rechts neben dem Schrägrechen befindet sich die Bypassöffnung

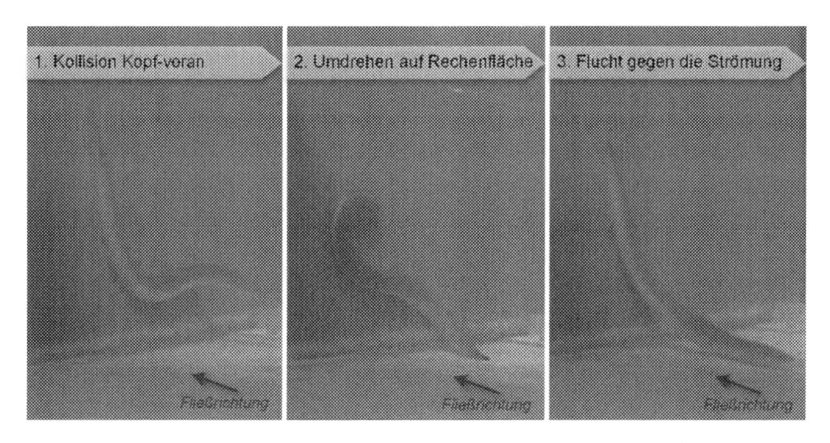

Abb. 3.4 Umkehrreaktion eines Aals bei einer Kollission mit einem Rechen

richten sich gegen die Strömung aus und fliehen gegen die Anströmung zurück ins Oberwasser (Abb. 3.4).

Eine solche Umkehrreaktion gelingt Aalen jedoch nur, wenn die Anströmgeschwindigkeit v_A vor dem Rechen geringer als 0,5 m/s ist. Ist sie höher, tritt ein „Impingement" auf, bei dem die Aale von der Anströmung gegen die Rechenfläche gepresst werden und ihnen damit die erforderliche Freiheit für die anguilliforme Schwimmbewegung fehlt. In der Realität vor Wasserkraftanlagen bedeutet dies, dass angepresste Fische, die nicht die Kraft haben, sich dem Anpressdruck zu entziehen und stromaufwärts zu fliehen, infolge innerer Verletzungen, Erschöpfung oder letztlich durch das Einwirken der Rechenreinigungsmaschine zu Tode kommen (Abb. 3.5, links). Suchbewegungen entlang der Rechenfläche hingegen führen Aale ebenso wenig aus wie andere Arten vom anguilliformen Lokomotionstyp.

Demgegenüber stellen sich Arten vom subcarangiformen Lokomotionstyp stets positiv rheotaktisch ausgerichtet vor der Rechenfläche ein und schwimmen so schnell gegen die Anströmung an, dass sie nicht gegen die Barriere verdriftet und angepresst werden (Abb. 3.5, rechts).

Wenngleich diese Fische keine erkennbaren raumgreifenden Schwimmmanöver durchführen, bewegen sie sich doch langsam, und quasi gleitend, entlang der Fläche des Schrägrechens auf eine am abstromigen Ende gelegene Bypassöffnung zu. Von Lehmann et al. (2016) wurde für diesen Mechanismus, der in ähnlicher Weise bereits von Schiemenz (1957) beschrieben wurde, der Begriff „Gieren" geprägt. Damit werden in der Schiff- und Luftfahrt vergleichbare Drehbewegungen eines

Abb. 3.5 Impingement eines Aals bei einer Anströmgeschwindigkeit $v_A = 0{,}8$ m/s (links, verändert nach Adam et al. 1999) und subcarangiforme Fische in gleicher Situation (rechts, verändert nach Schwevers und Adam 2020)

Rumpfes um seine Hochachse bezeichnet. Infolge des Gierens entsteht zwischen der angeströmten Luv- und der strömungsabgewandten Leeseite des Fischkörpers ein hydrodynamischer Druckunterschied, der auf den Körper selbst eine Kraft senkrecht zu seiner Längsachse bewirkt und damit einen Versatz des Tieres in diese Richtung in Gang setzt (Abb. 3.6). Auch der Kurs von Schiffen und Flugzeugen wird durch Gieren beeinflusst, indem Wasser- bzw. Luftströmungen schräg auf die Längsachse einwirken und eine seitliche Abdrift verursachen; durch Trimmen der Ruder werden solche Giereffekte kompensiert.

Eine Schrägstellung ihrer Körperachse ist anguilliformen Arten nicht möglich und folglich sind sie auch nicht in der Lage, ihre Position entlang eines Schrägrechens gierend hin zu einer abstrom angeordneten Bypassöffnung zu verändern. In Konsequenz bedeutet dies für die wasserbauliche Praxis, dass Schrägrechen gegenüber Aalen und anderen Anguilliformen keine Leitwirkung hin zu einer Bypassöffnung entfalten können. Die Bezeichnung „Leitrechen" wird somit dem Verhalten abwandernder Aale und anderer anguilliformer Arten in keiner Weise gerecht und verspricht eine Funktion, die ein solcher Rechen nicht erfüllen kann.

Im Zentrum der Ethohydraulik steht somit die Direktbeobachtung des Geschehens. Der Erkenntnisgewinn resultiert primär aus der Beobachtung, Dokumentation und Analyse der Verhaltensweisen, mit denen die Probanden auf die hydraulischen und baulichen Bedingungen reagieren, denen sie im Versuchsstand ausgesetzt sind.

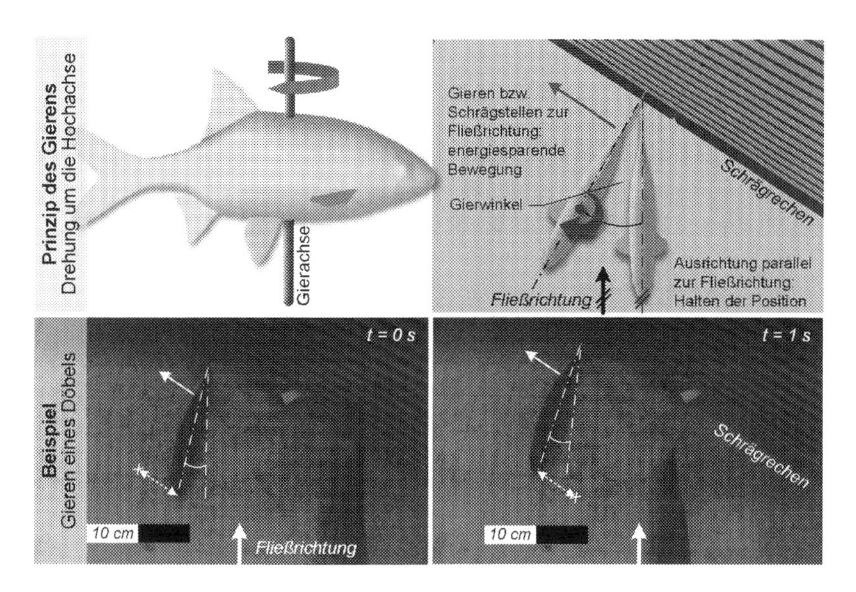

Abb. 3.6 Prinzip des Gierens subcarangiformer Fische vor einem Schrägrechen durch geringfügiges Drehen ihrer Körperhochachse zur Anströmung (verändert nach Lehmann et al. 2016)

Um über einen rein deskriptiven oder gar anekdotischen Charakter der beobachteten Verhaltensweisen hinauszukommen, sind Wiederholungsversuche ein probates Mittel sowie vergleichende Untersuchungen, bei denen jeweils nur ein einzelner Parameter systematisch verändert wird oder/und Probanden unterschiedlicher Arten eingesetzt werden. Videoaufzeichnungen können direkte Sichtbeobachtungen zu Dokumentationszwecken sinnvoll ergänzen, aber keinesfalls ersetzen: Kameras sind nämlich stets nur auf vergleichsweise kleine Ausschnitte im Versuchsstand fokussiert, sodass sie ein raumgreifendes Verhalten nicht erfassen können und sich keine Zusammenhänge zwischen Reaktionen herstellen lassen, die sich ggf. über verschiedene Bereiche des Versuchsstandes verteilen.

Reduziert man die Auswertung ethohydraulischer Tests schließlich auf zählbare Ereignisse, dann fehlen wesentliche Einblicke in das Geschehen, der kausale Zusammenhang zwischen der hydraulischen Situation und dem Verhalten der Fische geht verloren und entsprechend groß ist die Gefahr von Fehlinterpretationen.

Die Grenzen der situativen Ähnlichkeit

Entscheidend für die Verwertbarkeit ethohydraulischer Befunde ist die Einhaltung der situativen Ähnlichkeit gegenüber den Bedingungen im Freiland (vgl. Kap. 2). Optimal ist ein Modell im Realmaßstab, wie es sich beispielsweise zur Untersuchung der Passierbarkeit von Fischaufstiegsanlagen, der Akzeptanz von Bypassöffnungen oder der Reaktionen der Probanden gegenüber hydraulischen, optischen und akustischen Reizen gut realisieren lässt. Häufig kommen hierfür Ausschnittsmodelle zum Einsatz, die lediglich den für das zu untersuchende Verhalten relevanten Bereich der Realsituation im Realmaßstab abbilden. Bei sehr großräumig abzubildenden Bereichen sind auch geringfügig verkleinerte Modelle möglich, bei denen jedoch die hydraulischen Bedingungen mit der Freilandsituation übereinstimmen. Allerdings besteht hierbei die Gefahr, dass die verkleinerten Verhältnisse die Verhaltensreaktion beeinflussen. In besonderem Maße gilt dies für die Wassertiefe, die sich in einem räumlich begrenzten Laborgerinne zumeist nicht naturgetreu simulieren lässt. Erfahrungsgemäß bewegen sich pelagische und selbst oberflächenorientierte Arten in einem Versuchsstand mit geringer Wassertiefe bevorzugt sohlennah; ihr Verhalten entspricht somit nicht der Freilandsituation. Folglich haben Befunde aus dem Modellgerinne zur Leitwirkung sohlennaher Strukturen gegenüber pelagischen Arten, wie beispielsweise Flügel et al. (2015) beschreiben, wenig Aussagekraft, denn es handelt sich um methodisch bedingte Artefakte.

An dieser Stelle sei ausdrücklich darauf hingewiesen, dass der Einsatz kleiner Fischarten oder Jungfische einhergehend mit einer verstärkten geometrischen Verkleinerung des Modellmaßstabes keine Option ist, da sich das Verhalten und die körperliche Leistungsfähigkeit nicht gemäß den Gesetzen der Ähnlichkeitsmechanik auf andere Arten und Altersstadien umrechnen lässt.

Verhalten ist Interaktion

Beim Verhalten handelt es sich nicht nur um eine Reaktion des Tieres auf die Umweltbedingungen mit den dort herrschenden hydraulischen, räumlichen, optischen und akustischen Bedingungen, sondern die Tiere interagieren auch untereinander. So schließen sich viele Fischarten zu Schwärmen zusammen, in denen sich häufig Individuen gleicher und anderer Arten miteinander vergesellschaften. Solche Schwärme verhalten sich anders als isolierte Einzelindividuen. Werden ethohydraulische Tests nur mit wenigen Probanden oder gar mit Einzelexemplaren durchgeführt, weil bspw. eine statistische Auswertung von Einzelereignissen erfolgen soll, verhindert dies soziale Interaktionen, was möglicherweise die Befunde beeinträchtigt.

Vergleichsweise gering ist diese Gefahr bei Arten bzw. Entwicklungsstadien, die sich solitär verhalten, beispielsweise bei Hechten oder Bachforellen. Völlig anders ist die Situation jedoch bei Lachssmolts, die sich im ethohydraulischen Labor ebenso wie bei der Abwanderung im Freiland zusammenschließen. Das Verhalten eines solchen Schwarms wird häufig maßgeblich von einzelnen Exemplaren bestimmt. So beobachteten Lehmann et al. (2016), dass einzelne Lachssmolts temporär zu einem territorialen Verhalten übergehen und beispielsweise Artgenossen mit Beißattacken an der Passage von Bypassöffnungen hindern (Abb. 3.7). Dieses Verhalten nimmt einen direkten Einfluss auf die ermittelten Passageraten, sodass bei Versuchen mit isolierten Einzelexemplaren keine situative Ähnlichkeit herrscht, was die Übertragbarkeit der Befunde aufs Freiland infrage stellt.

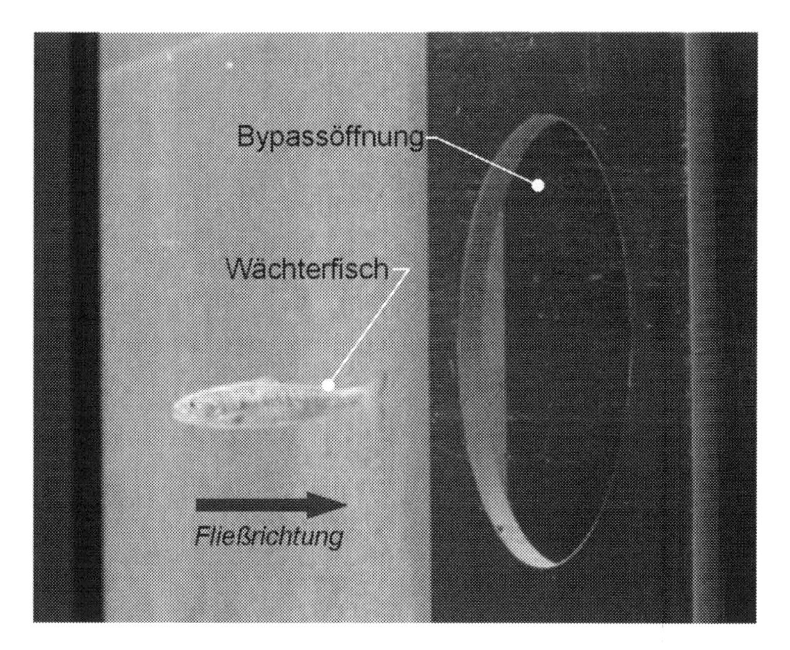

Abb. 3.7 „Wächterfisch“ vor einer Bypassöffnung im Versuchsstand, der Artgenossen die Passage verwehrt

3.2 Ethohydraulische Erkenntnisse für die wasserbauliche Praxis

Nachfolgend werden zwei Beispiele vorgestellt, um die Vorgehensweise bei ethohydraulischen Untersuchungen zu erläutern und die praktische Verwertbarkeit der Erkenntnisse darzustellen.

Beispiel: Einfluss von Licht in Strömungskorridoren auf das Bewegungsverhalten von Fischen

Viele Fließgewässer sind abschnittsweise überbaut, verrohrt oder gedükert. Auch Fischaufstiegsanlagen und der Abwanderung von Fischen dienende Bypässe verlaufen aufgrund beengter räumlicher Verhältnisse oft getunnelt unter bebauten Flächen oder durch Gebäude hindurch. Solchen künstlich abgedunkelten Wanderkorridoren stehen hell beleuchtete Sichtfenster gegenüber, die verschiedentlich eingebaut sind, um das Auf- oder Abstiegsgeschehen mit Videokameras aufzuzeichnen oder der Öffentlichkeit einen Einblick in das Wanderverhalten von Fischen zu geben. Allerdings war bislang wenig darüber bekannt, ob Abdunkelung, Beleuchtung bzw. daraus resultierende Helligkeitskontraste die Orts- und Wanderbewegungen der einheimischen Fische beeinflussen. Entsprechend widersprüchlich waren die diesbezüglichen Empfehlungen (Sellheim 1996; Vordermeier und Bohl 2000; Hütte 2000; Schwevers et al. 2004 u. a.). Vor diesem Hintergrund fanden ethohydraulische Tests im wasserbaulichen Versuchslabor der Technischen Universität Darmstadt mit dem Titel „Beeinflussung der Effizienz von Fischwegen an Wasserkraftanlagen durch die Lichtverhältnisse" statt (Engler und Adam 2020).

Voranalyse und situative Ähnlichkeit: Zur Gewährleistung der situativen Ähnlichkeit wurden zunächst Freilandmessungen an zwei getunnelten Fischaufstiegsanlagen am Hochrhein sowie an einer beleuchteten Monitoringstation der Lahn durchgeführt, bei denen die Fließgeschwindigkeit sowie die Helligkeit in verschiedenen Wassertiefen und zu unterschiedlichen Tageszeiten ermittelt wurden (Abb. 3.8).

Auf der Grundlage dieser Referenzwerte wurde ein 15 m langer Abschnitt der Laborrinne mit einem Zelt vollständig abgedunkelt (Abb. 3.9). Das Innere des Versuchsstandes war mit 4 dimmbaren Lichtfeldern ausgestattet (Abb. 3.10), die jeweils durch eine bis zur Wasseroberfläche reichende, schwarze Plane voneinander abgegrenzt waren. Die Lichtfelder wurden mit Beleuchtungsstärken von 0, 12,5, 125 und 1250 lx betrieben und konnten auch komplett ausgeschaltet werden.

Abb. 3.8 Unterschiedliche Lichtverhältnisse in Fischaufstiegsanlagen

Abb. 3.9 Mit einem Zelt umbauter Abschnitt des Laborgerinnes (Länge 15 m)

Ethohydraulische Tests: In den einzelnen Tests wurde die Reihenfolge der Beleuchtungsstärke der Lichtfelder variiert. Beispielsweise wurde eine in Fließrichtung ab- oder zunehmende Helligkeit eingestellt. Ein Wechsel zwischen abgedunkelten und maximal erleuchteten Rinnenabschnitten diente der Untersuchung der Reaktion der Fische auf starke Kontraste. Zudem wurden die Tests bei unterschiedlichen Strömungsbedingungen bis zu einer mittleren Fließgeschwindigkeit von 0,7 m/s durchgeführt. Schließlich wurden die

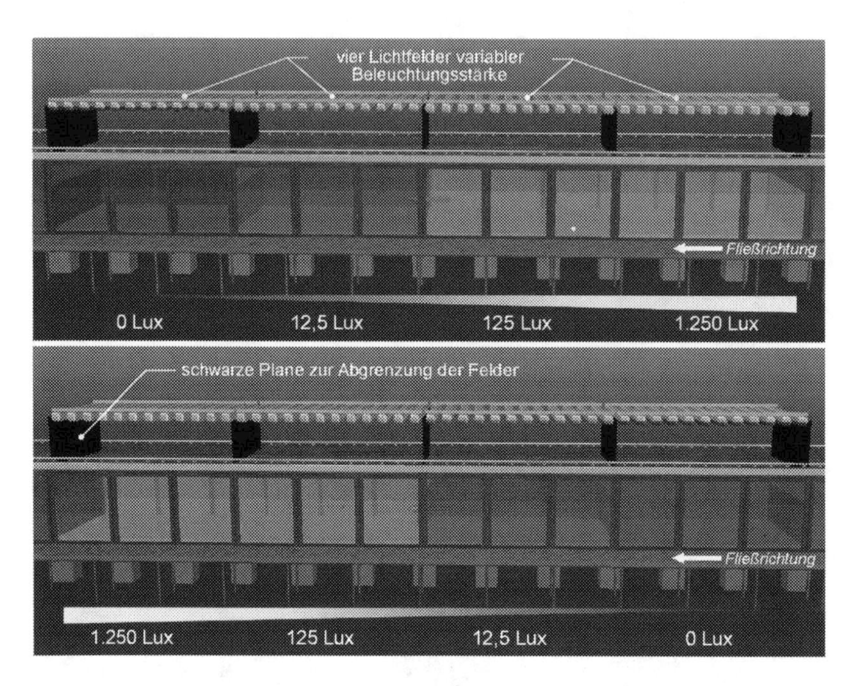

Abb. 3.10 Versuchseinstellungen mit in Fließrichtung ab- (oben) und zunehmender (unten) Beleuchtungsstärke

Probanden bei einigen Tests stromauf und bei anderen stromab in den Versuchstand eingesetzt. Die jeweils 30-minütigen Versuche wurden mit Fischgruppen aus je 40 bis 50 Probanden realisiert, und zwar

- potamodrome Gemischtartengruppen der Arten Barbe (*Barbus barbus*), Döbel (*Squalius cephalus*), Gründling (*Gobio gobio*), Nase (*Chondrostoma nasus*), Plötze (*Rutilus rutilus*), Ukelei (*Alburnus alburnus*), Wels (*Silurus glanis*), Kaul- und Flussbarsch (*Gymnocephalus cernua* und *Perca fluviatilis*);
- Reinartenschwärme bestehend aus adulten Europäischen Aalen (*Anguilla anguilla*);
- Smolts des Atlantischen Lachses (*Salmo salar*) mit einer Länge von ca. 15 cm.

Befunde und Transfer: Insgesamt wurden 90 Einzeltests mit unterschiedlichen Beleuchtungsszenarien durchgeführt. Bei den meisten Arten ergaben sich im gewählten Versuchsaufbau keine Hinweise darauf, dass Licht einen maßgeblichen Einfluss auf die Ortsbewegungen hat. Auch die Lachssmolts reagierten entgegen aller Erwartung (Larinier und Boyer-Bernard 1991a, b; Gosset und Travade 1999) vorrangig auf die Strömungsbedingungen im Versuchsstand, während sie kaum Präferenz für bestimmte Beleuchtungsbedingungen oder Scheureaktionen gegenüber starken Helligkeitskontrasten erkennen ließen. Selbst Aale verhielten sich keineswegs so stark lichtscheu, wie dies in der Literatur beschrieben ist (u. a. Lowe 1952; Hadderingh et al. 1999). Immerhin war zu erkennen, dass Aale bei geringen Fließgeschwindigkeiten bis 0,25 m/s den Aufenthalt in der Dunkelheit bevorzugten. Bei Fließgeschwindigkeiten von mehr als 0,5 m/s hingegen verteilten sie sich gleichmäßig und ungeachtet der Beleuchtungsstärke auf alle Rinnenabschnitte (Abb. 3.11).

Eine Ausnahme von dieser Regel bildete lediglich der Wels, der sich unter allen Testeinstellungen lichtscheu verhielt und sich in die abgedunkelten Bereiche zurückzog (Abb. 3.12).

Die ethohydraulischen Befunde lassen vermuten, dass für die getesteten Arten und Altersstadien innerhalb von Strömungskorridoren die Beleuchtung eine untergeordnete Rolle für das Bewegungsverhalten spielt. Deshalb scheint es für die Gewährleistung der Passierbarkeit von getunnelten und gedükerten Gewässerabschnitten und Fischaufstiegsanlagen nicht erforderlich, für eine den natürlichen Lichtverhältnissen entsprechende künstliche Beleuchtung zu sorgen. Auch Bedenken, dass hell beleuchtete Beobachtungsstationen einen nachteiligen Effekt auf das Aufstiegsgeschehen haben könnten, scheinen nicht zuzutreffen. Im Rahmen des Transfers kann daher auf eine spezielle

Abb. 3.11 Nahezu gleichmäßige Verteilung von Aalen bei einer Fließgeschwindigkeit von 0,5 m/s in den Rinnenabschnitten mit 12,5 lx (links), 125 lx (Mitte) und 1250 lx (rechts) (Fließrichtung im Versuchsstand von rechts nach links)

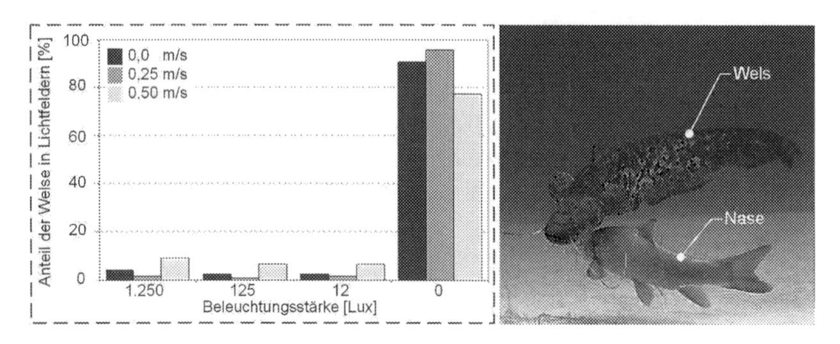

Abb. 3.12 Verteilung von Welsen auf verschieden stark beleuchtete Rinnenabschnitte bei unterschiedlichen Fließgeschwindigkeiten

Beleuchtung getunnelter Wanderkorridore verzichtet werden, sofern die situative Ähnlichkeit aller anderen Parameter bei der Übertragung berücksichtigt wird.◄

Beispiel: Entwicklung eines Wollhandkrabben-Leitsystems

Die Anwendbarkeit der Ethohydraulik beschränkt sich keineswegs nur auf Fische, denn auch das Verhalten wirbelloser Tiere kann mit dieser Methode analysiert werden. Die Notwendigkeit von Verhaltensuntersuchungen mit der Chinesischen Wollhandkrabbe (*Eriocheir sinensis*) ergab sich daraus, dass die Jungtiere dieser vor ca. 100 Jahren in Mitteleuropa eingeschleppten, faunenfremden Art alljährlich millionenfach aus dem Ästuar der Elbe stromaufwärts wandern, wo sie nach ca. 140 km auf das Wehr Geesthacht treffen und dort die Monitoringeinrichtungen der Fischaufstiegsanlagen verstopfen (Abb. 3.13). Um die Passierbarkeit der Fischaufstiegsanlagen aufrechtzuerhalten und das Monitoring durchführen zu können, galt es deshalb, ein Schutzsystem gegen die aufwandernden bis zu 8 cm großen, ein bis zwei Jahre alten Wollhandkrabben zu entwickeln.

Obwohl man sich in der Vergangenheit bereits verschiedentlich bemüht hatte, Fanganlagen und Aufwandersperren für Wollhandkrabben zu errichten (Schiemenz und Koethke 1935; Panning 1938; Meyer-Waarden 1954; Fladung 2000), reichte das vorhandene Wissen über das Verhalten dieser Krabben nicht

Abb. 3.13 Juvenile Wollhandkrabben bei einer Massenaufwanderung in einer Fischaufstiegsanlage

aus. Deshalb fanden im Jahr 2011 in zwei Versuchsständen des wasserbaulichen Labors der Universität Karlsruhe ethohydraulische Untersuchungen mit 900 juvenilen Wollhandkrabben statt (Ballon und Adam 2016).

Voranalyse und situative Ähnlichkeit: Ein erster ethohydraulischer Versuchsstand war als „Strömungstrichter" gestaltet, bei dem sich die Fließgeschwindigkeit entlang des gegen die Strömung gerichteten Wanderpfades der Krabben stromauf sukzessive erhöhte (Abb. 3.14). Die Sohle des Versuchsstandes war, ebenso wie in den Fischpässen am Wehr Geesthacht, realmaßstäblich mit Geröll und Grobsteinen der Klasse CP90/250 (90–250 mm Steindurchmesser) belegt. Bei einer Beaufschlagung mit 180 l/s und einer Wassertiefe von 0,4 m herrschte über der rauen Sohle am stromabwärtigen, breiten Ende des Strömungstrichters eine Fließgeschwindigkeit von 0,45 m/s, die sich stromauf auf maximal 2,15 m/s in der dortigen Engstelle erhöhte. Diese Werte entsprachen denen in der Fischaufstiegsanlage.

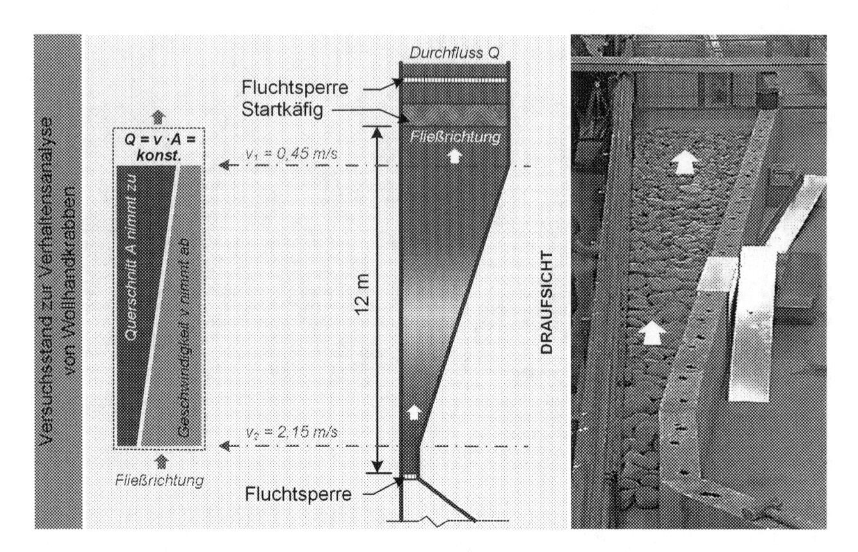

Abb. 3.14 Schematischer Aufbau des Strömungsdiffusors

Bei dem zweiten Versuchsstand handelte es sich um ein konventionelles Laborgerinne, in dem situativ ähnlich mehrere Aufwandersperren mit schlitzförmigen Durchlässen realisiert waren. Hierbei handelte es sich um jeweils 30 cm über Grund aufragende solide Rechen aus dreieckigen, runden bzw. rechteckigen Stäben mit einer Dicke von 50 mm bei einer lichten Weite von 15 mm. Diese sog. Grundrechen sollten aufwandernde Wollhandkrabben aufhalten (Abb. 3.15), ohne jedoch aufwanderwillige Fische, insbesondere bodenorientierte Arten, bei der Passage zu behindern. Sohlenbeschaffenheit und hydraulische Bedingungen entsprachen auch hier der Freilandsituation.

Ethohydraulische Tests und Befunde: Die Verhaltensbeobachtungen zeigten, dass sich Wollhandkrabben nur in stehendem Wasser und nur über sehr kurze Strecken schwimmend fortbewegen. Sobald Strömung herrscht, schreiten sie seitwärts stromauf, wobei sie ihren Körper seitlich zur Körperachse ziehend-schiebend gegen die Anströmung fortbewegen. Hierbei finden die spitz zulaufenden Endglieder ihrer Beine selbst in kleinsten Unebenheiten sicheren Halt, und alleine eines der acht Schreitbeine entwickelt ausreichend Kraft, um den gesamten Körper zu halten und stromauf zu bewegen. Bis zu einer Fließgeschwindigkeit von etwa 1,4 m/s setzen sich die Krabben dem direkten Strömungsangriff aus. Bei höheren Fließgeschwindigkeiten bewegen

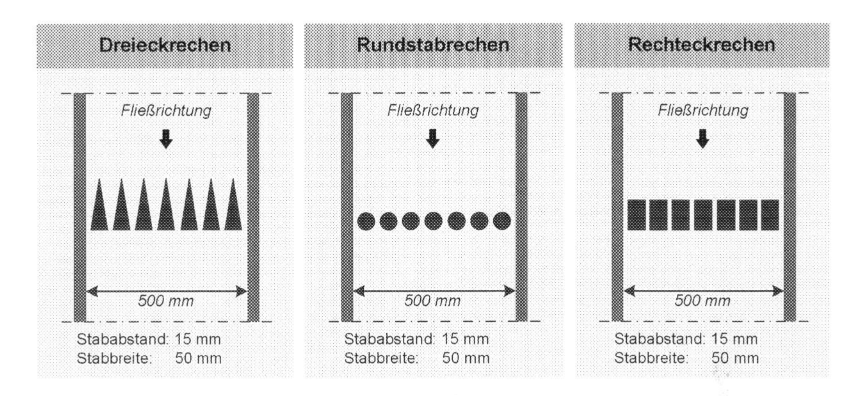

Abb. 3.15 Als Aufwandersperren getestete Rechentypen

sie sich dicht an den Untergrund angeschmiegt stromauf, was durch ihren flachen Körperbau begünstigt wird. Stoßen die Krabben dabei auf ein Hindernis, versuchen sie sich zunächst aktiv hindurchzuzwängen; gelingt ihnen dies nicht, versuchen sie, das Hindernis zu erklimmen. Auch die Grundrechen wurden auf diese Weise überwunden, sofern die Krabben die Rechenstäbe mit ihren Extremitäten zu umklammern vermochten. Im Falle der kantigen Dreiecks- und Rechteckrechen war ihnen dies problemlos möglich, während die Rundstäbe den Krabbenbeinen keinen ausreichenden Halt boten. Da die Spannweite der Extremitäten juveniler Wollhandkrabben bis zu 30 cm erreicht, muss die Höhe eines Wanderhindernisses die Rauheitsspitzen des Substrates um mindestens 30 cm überragen, um ein Überklettern zu verhindern.

Allerdings stauen sich die aufwandernden Krabben vor einem Hindernis und türmen sich zunehmend auf, so dass sie in der Folge von nachrückenden Artgenossen überklettert werden. Auf diese Weise sind Wollhandkrabben bei Massenaufstiegen in der Lage, gemeinsam selbst solche Hindernisse zu überwinden, an denen das Einzelexemplar scheitert. Insofern genügt es nicht, die Wollhandkrabben einfach nur aufzuhalten, vielmehr müssen sie gezielt um- und ausgeleitet werden. Zu diesem Zweck wurden speziell auf die Fortbewegung der Krabben abgestimmte Kletterhilfen entwickelt. Als einfach herzustellen und effizient erwiesen sich etwa 40 cm breite Wanderkorridore aus 10 mm-Maschendraht, die es durch sehr glatte Flächen z. B. aus Blech oder Plexiglas zu begrenzen gilt. Über solcherart gestaltete Korridore lassen sich die

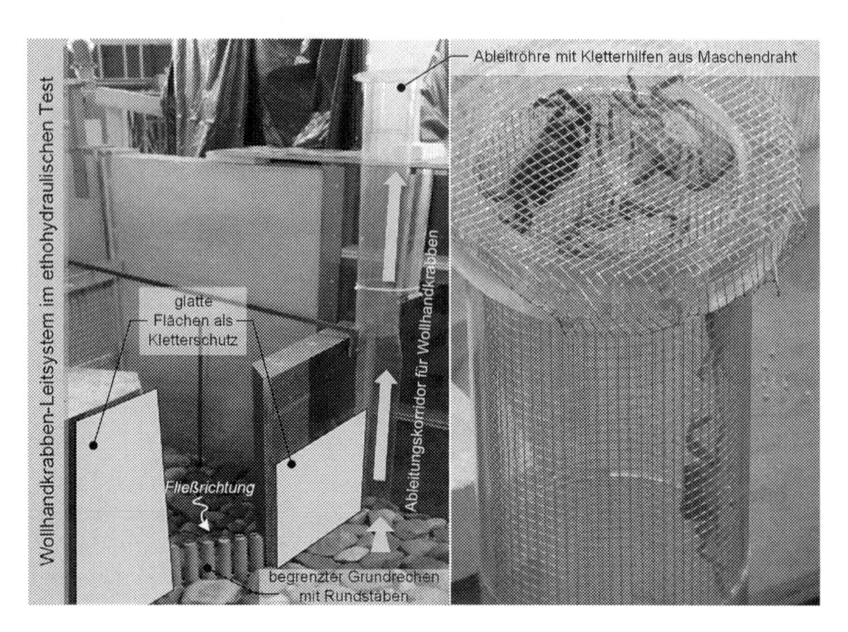

Abb. 3.16 Durch glatte Flächen begrenzter Grundrechen mit Rundstäben und Kletterhilfen aus Maschendraht

Krabben über die Wasseroberfläche hinaus leiten und ebenfalls mit 10 mm-Maschendraht ausgekleideten Röhren zuführen (Abb. 3.16). Mittels solcher Ableitröhren können die Tiere über große Distanzen und in jede gewünschte Richtung geleitet werden.

Transfer: Ein auf diesen Befunden basierendes Wollhandkrabben-Leitsystem wurde schließlich am Doppelschlitzpass am Wehr Geesthacht an der Elbe erfolgreich eingesetzt, um die zum Nachweis aufsteigender Fische genutzte Monitoringeinrichtung vor einer Überflutung durch die invasiven Krabben zu schützen: Mittels Kletterhilfen und Ableitröhren wurden in die Fangkammer eingedrungene Wollhandkrabben ins Oberwasser der Staustufe geleitet (Abb. 3.17).◀

Abb. 3.17 Übergang von einer Kletterhilfe in eine Ableitröhre, um Wollhandkrabben aus der Monitoringanlage des Doppelschlitzpasses Geesthacht auszuleiten.

Literatur

Adam, B., Schwevers, U., & Dumont, U. (1999). *Beiträge zum Schutz abwandernder Fische – Verhaltensbeobachtungen in einem Modellgerinne.* Solingen: Natur & Wissenschaft.

Adam, B., & Lehmann, B. (2011). *Ethohydraulik – Grundlagen, Methoden, Erkenntnisse.* Heidelberg: Springer.

Amaral, S. V., Winchell, F. C., McMahon, B. C., & Dixon, D. A. (2003). Evaluation of an angled bar rack and a louver array for guiding silver American eels to a bypass. *American Fisheries Society Symposium, 33,* 367–376.

Ballon, E., & Adam, B. (2016). Entwicklung eines Wollhandkrabben-Leitsystems für Fischaufstiegsanlagen. *Wasserwirtschaft, 106*(7–8), 36–40.

Bone, Q., & Marshall, N. B. (1985). *Biologie der Fische.* Stuttgart: Gustav Fischer.

Ebel, G. (2013). *Fischschutz und Fischabstieg an Wasserkraftanlagen. Handbuch Rechen- und Bypasssysteme.* Halle: Eigenverlag.

Engler, O., & Adam, B. (2020). Beeinflussung der Effizienz von Fischwegen durch die Lichtverhältnisse. *Artenschutzreport, 41*, 41–47.

Electrical Power Research Institute. (2016). *Laboratory Studies of eel behavior in response to various behavioral cues*. Technical Report. Palo Alto.

Fladung, E. (2000). Untersuchungen zur Bestandsregulierung und Verwertung der Chinesischen Wollhandkrabbe (Eriocheir sinensis). *Schriften des Instituts für Binnenfischerei Potsdam-Sacrow*, 5.

Flügel, D., Bös, T., & Peter, A. (2015). *Forschungsprojekt: Massnahmen zur Gewährleistung eines schonenden Fischabstiegs an größeren mitteleuropäischen Flusskraftwerken*. Dübendorf: EAWAG.

Gosset, C., & Travade, F. (1999). Devices to aid downstream salmonid migration: Behavioral barriers. *International Journal of Ichthyology, 23*(1), 45–66.

Hadderingh, R. H., van Aerssen, G. H. F. M., de Beijer, R. F. L. J., & van der Velde, B. (1999). Reaction of silver eels to artificial light sources and water currents: An experimental deflection study. *Regulated Rivers: Research & Management, 15*, 365–371.

Hoar, W. S., & Randall, D. J. (1978). *Fish Physiology, Volume VII "Locomotion"*. New York: Academic.

Hütte, M. (2000). *Ökologie und Wasserbau – Ökologische Grundlagen von Gewässerverbauung und Wasserkraftnutzung*. Berlin: Parey.

Larinier, M., & Boyer-Bernard, S. (1991a). Dévalaison des smolts et efficacité d'un exutoire de dévalaison à l'usine hydroélectrique d'Halsou sur la Nive. *Bulletin Français de la Pêche Pisciculture, 321*, 72–92. https://doi.org/10.1051/kmae:1991009.

Larinier, M., & Boyer-Bernard, S. (1991b). La dévalaison des smolts de saumon Atlantique au barrage de Poutès sur l'Allier (43): utilization de lampes a vapeur de mercure. *Bulletin Français de la Pêche Pisciculture, 323*, 129–148. https://doi.org/10.1051/kmae:1991001.

Lehmann, B., Adam, B., Engler, O., & Schneider, K. (2016). Ethohydraulische Untersuchungen zur Verbesserung des Fischschutzes an Wasserkraftanlagen. In Bundesamt für Naturschutz (Hrsg.), *Naturschutz und Biologische Vielfalt*, 151.

Lowe, R. H. (1952). The influence of light and other factors on the seaward migration of silver eel. *Journal of Animal Ecology, 21*(2), 275–309.

Meyer-Waarden, P. F. (1954). Elektrische Sperren zur Bekämpfung von Wollhandkrabben. *Der Fischwirt, 4*, 331–337, 357–364.

Panning, A. (1938). Über die Wanderungen der Wollhandkrabbe. Markierungsversuche. Neue Untersuchungen über die chinesische Wollhandkrabbe in Europa. In Zoologisches Intitut und Zoologisches Museum Hamburg (Hrsg.), *Mitteilungen aus dem Hamburgischen Zoologischen Museum und Institut, 47*, 32–49.

Schiemenz, F. (1957). Ersatz des instinktmäßigen Wanderns der Fische in Fischtreppen durch das reflektorische Wandern. *Z. Fischerei*, NF 6, 61–68.

Schiemenz, F., & Koethke, H. (1935). Über die Wollhandkrabbe und Vorschläge zu deren Massenfang. *Mitteilungen der Fischerei-Ver. Ostausgabe, 24*(2/3), 25–32, 45–56.

Schwevers, U., & Adam, B. (2020). *Fish protection technologies and ways for downstream migration*. Cham: Springer Nature.

Schwevers, U., Schindehütte, K., Adam, B., & Steinberg, L. (2004). Untersuchungen zur Passierbarkeit von Durchlässen für Fische. In Landesanstalt für Ökologie, Bodenordnung und Forsten Nordrhein-Westfalen (Hrsg.), *LÖBF-Mitteilungen, 28*(3), 37–43.

Sellheim, P. (1996). Kreuzungsbauwerke bei Fließgewässern – Gestaltungsvorschläge für Durchlässe, Brücken, Verrohrungen und Düker. *Informationsdienst Naturschutz Niedersachsen, 16,* 205–208.

Vordermeier, T., & Bohl, E. (2000). Fischgerechte Ausgestaltung von Quer- und Längsbauwerken in kleinen Fließgewässern. In Landesfischereiverband Bayern (Hrsg.), *Schriftenreihe des Landesfischereiverbands Bayern, 2,* 53–61.

4 Ausblick

Quo vadis Ethohydraulik – welche Entwicklungen gibt es?

Verhaltensbeobachtungen aquatischer Organismen im Labor haben eine lange Tradition. Schon vor über 100 Jahren führte Franz (1910) Versuche zur Phototaxis durch und Steinmann (1913) untersuchte in eigens dafür konstruierten Versuchsständen die Rheotaxis von Wirbellosen, also ihre Reaktion gegenüber der Strömung. In den 1950er Jahren war es Schiemenz (1950, 1952, 1957 u. a.), der Verhaltensbeobachtungen an Fischen in den Dienst des Wasserbaus stellte: Er führte Laborversuche zum Verhalten von Fischen in der Strömung durch, um daraus Erkenntnisse zur Gestaltung von Fischaufstiegsanlagen abzuleiten. Seither wurden derartige Untersuchungen immer wieder unternommen, wonach sich jedoch oft herausstellte, dass die im wasserbaulichen Labor gewonnenen Erkenntnisse nicht auf das Freiland übertragbar waren. So berichtet Taft (1986) über eine Vielzahl von Methoden zum Schutz abwandernder Fische, die sich im Labor als wirksam erwiesen hatten, im Freiland jedoch mehr oder weniger vollständig versagten. Die seinerzeit im Labor erzielten Ergebnisse waren also ganz offensichtlich nicht auf die realen Bedingungen im Gewässer übertragbar.

Vor diesem Hintergrund stellte die Entwicklung der Ethohydraulik in den Jahren 2008/2009 einen wichtigen Meilenstein dar, denn erst hierdurch wurden Vorgaben erarbeitet, um die situative Ähnlichkeit des Versuchsstandes mit einer Realsituation im Freiland sicherzustellen und die dort gewonnenen Erkenntnisse im Rahmen eines Transfers in die wasserbauliche Praxis umsetzen zu können. Es liegen inzwischen viele Belege dafür vor, dass die Übertragbarkeit von Laborbefunden dann gewährleistet ist, wenn die formulierten methodischen Regeln konsequent eingehalten sind.

B. Lehmann et al., *Ethohydraulik,* essentials,
https://doi.org/10.1007/978-3-658-32824-5_4

Vordergründig hat sich die Ethohydraulik als neuer methodischer Ansatz durchgesetzt. Im deutschsprachigen Raum wurde der Begriff in das einschlägige Fachvokabular aufgenommen und auch angelsächsische Publikationen berichten immer öfter von „ethohydraulics“. An etlichen Universitäten, so in Aachen, Darmstadt, Karlsruhe, Dresden und Zürich wird die Ethohydraulik praktiziert, ebenso wie von den Bundesanstalten für Wasserbau und Gewässerkunde (BAW und BfG). Als problematisch erweist sich allerdings, dass der Begriff „Ethohydraulik“ oft auch für solche Untersuchungen verwandt wird, bei denen die methodischen Vorgaben missachtet werden oder gar keine Verschneidung zwischen Ethologie und Hydraulik stattfindet. Entsprechend wichtig ist es, die methodischen Standards einzuhalten – nur so ist ein Transfer der Befunde auf das Freiland unter natürlichen Umweltbedingungen qualitätsgesichert, und nur auf dieser Basis kann eine Weiterentwicklung der Methode zielführend sein.

4.1 Möglichkeiten und Grenzen der statistischen Auswertung

Die in den meisten natur- und ingenieurwissenschaftlichen Disziplinen übliche statistische Absicherung der Untersuchungsbefunde findet in der Ethohydraulik in der Regel nicht statt. Der Grund dafür ist, dass es sich bei der Verhaltensreaktion von Tieren auf die hydraulischen und geometrischen Bedingungen im Versuchsstand – ebenso wie im Freiland – typischerweise um sehr komplexe Abläufe handelt, und damit nicht um zählbare und somit statistisch auswertbare Einzelereignisse. Das primäre Kriterium zur Absicherung der Aussagkraft ethohydraulischer Befunde ist deshalb die Reproduzierbarkeit: Zeigen die Probanden bei Widerholungsversuchen stets dieselbe Reaktion auf eine bestimmte Versuchskonstellation, dann handelt es sich um ein reproduzierbares Reiz-Reaktions-Muster. Wurde ein solches identifiziert, kann begründet davon ausgegangen werden, dass sich die Tiere unter situativ ähnlichen Bedingungen im Freiland in vergleichbarer Weise verhalten werden. Ungeachtet dessen erhöht es die Akzeptanz ethohydraulischer Befunde, wenn geeignete statistische Validierungen geführt werden. Voraussetzungen hierfür ist jedoch eine „Übersetzung“ der beobachteten Verhaltensweisen in zählbare Ereignisse und eine ausreichend große Anzahl an Einzelwerten für eine schließende Statistik, wozu Böckmann (2020) spezielle Empfehlungen und fallspezifische Methoden zusammengestellt hat.

4.2 Möglichkeiten der Mess- und Beobachtungstechnik

Hydrometrische Messtechnik

Zur qualitativen und quantitativen Erfassung hydraulischer Signaturen haben sich verschiedene Instrumente etabliert (Abb. 4.1). Trotz der unterschiedlichen Verfahren ist allen Messgeräten die Fokussierung auf den hydraulischen Parameter Geschwindigkeit gemein – andere Parameter der Strömungssignatur (bspw. Turbulenzgefüge, Strömungspfadkonturen) lassen sich damit qualitativ und ggf. auch quantitativ aus der Interpretation der Messdaten ermitteln.

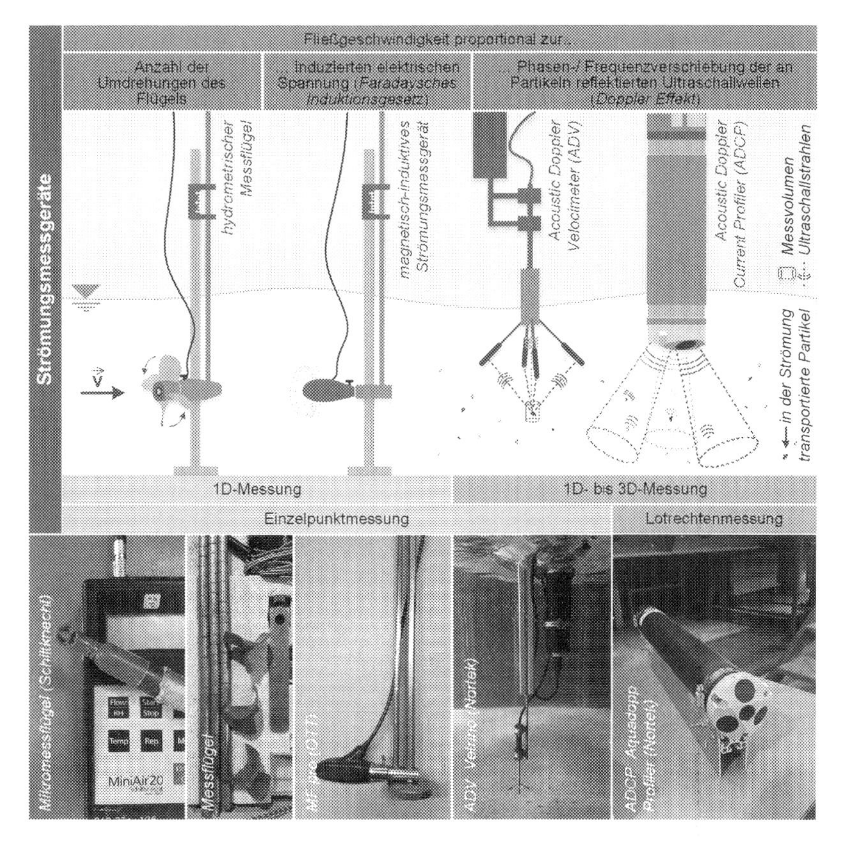

Abb. 4.1 Etablierte Messgeräte für Labor- und Feldeinsatz zur Erfassung von Strömungsgeschwindigkeiten

Zur einfachen, punktuellen Messung der Strömungsgeschwindigkeit kann der hydrometrische Messflügel oder die etwas robustere magnetisch-induktive Sonde eingesetzt werden. Hiermit lassen sich schnell stichprobenartig erste Aussagen über die mittlere Geschwindigkeit in einer Raumrichtung tätigen. Soll das Geschwindigkeitsfeld jedoch über ein definiertes Messraster mehrdimensional ermittelt werden, empfiehlt sich ein Acoustic Doppler Velocimeter (ADV). Dieses stellt nach aktuellem Stand der Technik das gängigste Messgerät für Laboruntersuchungen dar und kann die Geschwindigkeit innerhalb eines sehr kleinen Messvolumens (annähernd punktuell) dreidimensional aufnehmen. Aufgrund der zeitlich hochaufgelösten Messwerte können zudem turbulente Schwankungsgrößen analysiert werden. Der auf demselben Messprinzip beruhende Acoustic Doppler Current Profiler (ADCP) misst gleichzeitig die momentane Geschwindigkeit in definierten Zellen einer kompletten Messlotrechten – je nach Ausführung ein-, zwei- oder dreidimensional. Dies bietet vor allem bei großen Wassertiefen und breiten Messquerschnitten Vorteile, weshalb es vorrangig im Feld eingesetzt wird.

Für die Möglichkeit, die Strömung qualitativ zu beschreiben, können unterstützend folgende Instrumente eingesetzt werden. Im einfachsten Fall kommt eine Fadenharfe zur Anwendung, deren Fäden sich beim Eintauchen durch die Strömung entlang der Bahnlinien der Wasserteilchen ausrichten, wodurch je nach Anordnung und Dichte der Fäden das Strömungsfeld gut sichtbar gemacht werden kann. Zu demselben Zweck können auch Farbstoffe als Tracer eingesetzt und selbst komplexere Wirbelstrukturen sichtbar gemacht werden. Um eine zeitlich noch höher aufgelöste Darstellung der hydraulischen Strukturen innerhalb einer definierten Ebene zu erzielen und zugleich die Geschwindigkeit einzelner mit der Strömung mitbewegter Partikel zu erfassen, kann die Particle Image Velocimetry (PIV) eingesetzt werden. Durch Aufnahme des Untersuchungsgebiets mit einer Highspeed Kamera können die Bewegungsrichtungen von Partikeln (oft spezielles Seeding-Material) und deren zeitlicher sowie räumlicher Versatz zwischen den einzelnen Kamerabildern analysiert werden. Besonders Wirbelzonen können dabei hochaufgelöst erfasst werden.

Um die Messdauer bei den oft großen Untersuchungsgebieten in einem verträglichen Rahmen zu halten, besteht die Möglichkeit, aufbauend auf Messdaten eines ausgedünnten Messrasters ein dreidimensionales hydrodynamisch-numerisches Modell zu kalibrieren, dieses dann anhand weiterer Messdaten zu validieren und letztendlich mithilfe des numerischen Modells dann räumlich hochaufgelöste Strömungsparameter berechnen zu lassen.

Detaillierte Informationen zu den genannten Messmethoden, der numerischen Strömungsberechnung wie auch den Darstellungsoptionen von Mess- und Simulationsdaten finden sich in der einschlägigen Fachliteratur (Morgenschweis 2010; Boiten 2008; Martin 2011 u. a.).

Solcherart aufgenommene bzw. berechnete hydraulische Werte und die daraus generierten graphischen Darstellungen ersetzen jedoch nicht die Umweltwahrnehmung der Tiere. Fische beispielsweise verfügen mit ihrem Seitenlinienorgan über die Möglichkeit, den Strömungsdruck und dessen Schwankungen hochaufgelöst wahrzunehmen. In Kombination mit vielen weiteren Reizen, welche die Tiere bspw. über Augen, Nase und Mund zeitgleich aufnehmen, entsteht so eine komplexe Abbildung der Umwelt.

Multiparametermessungen

Um ein besseres Verständnis für das Verhalten der Fische zu gewinnen, werden neue Messtechniken entwickelt, welche die Sinneswahrnehmung durch sog. Multiparameterdaten (Abb. 4.2) in situ besser abbilden sollen. Die Besonderheit besteht darin,

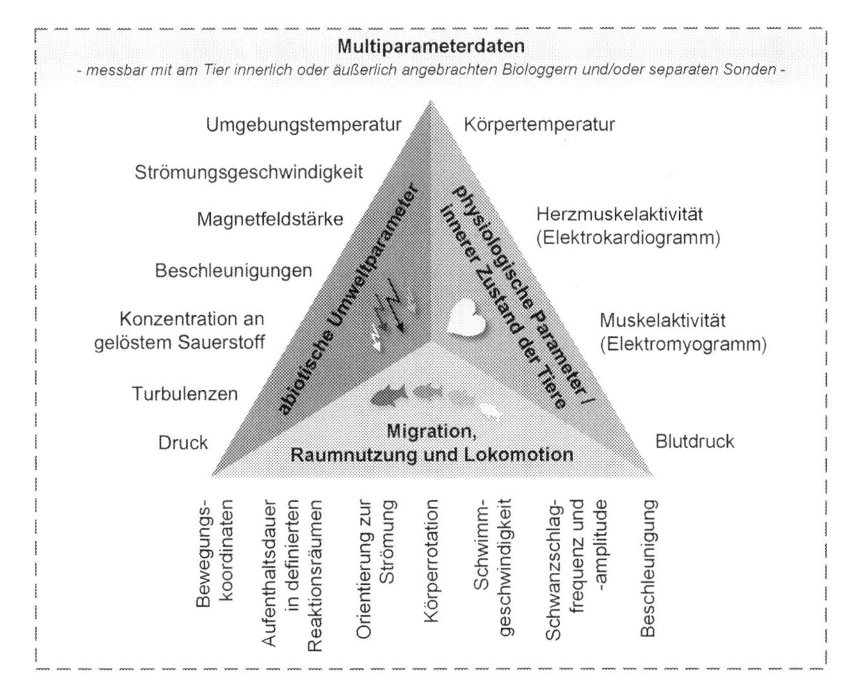

Abb. 4.2 Zur Unterstützung ethohydraulischer Untersuchungen im Labor und Freiland können Multiparameterdaten mit diversen Sonden und Biologgern synchron gemessen werden

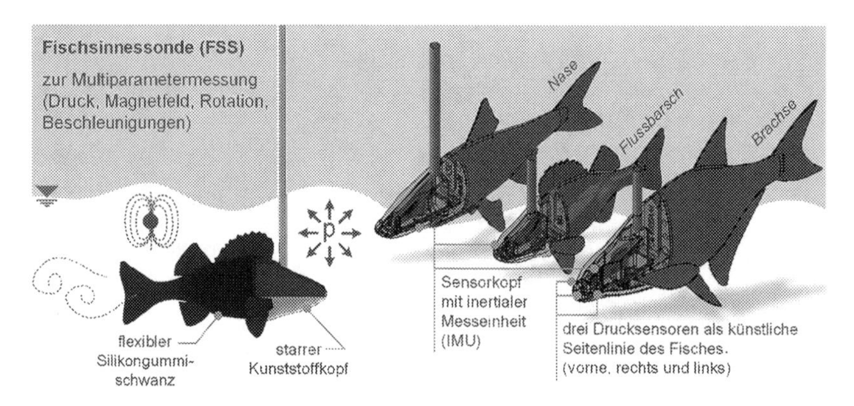

Abb. 4.3 Prinzip der Fischsinnessonde (FSS)

dass zeitgleich synchronisiert mehrere Parameter mittels diverser Sonden und Biologgern synchron erfasst werden, welche auch durch Fische wahrgenommen werden können. Die Messdaten können zum einen äußerliche Reize z. B. durch abiotische Umwelteinflüsse wiedergeben, können zum anderen aber auch eine innerlich messbare oder äußerlich beobachtbare Reaktion des Tieres darstellen.

Fischsinnessonden (FSS) sind der Körperform und Beweglichkeit von echten Fischen nachempfunden und erfassen mit hoher Auflösung Daten von mehreren Druck-, Beschleunigungs-, Rotations- und Magnetfeldsensoren (Abb. 4.3; Costa et al. 2019; Tuhtan et al. 2016, 2018a).

Eine weitere Möglichkeit besteht im Einsatz von Biologgern. Diese recht klein gehaltenen Geräte werden an den Probanden äußerlich angebracht oder gar implantiert. Sie zeichnen während der Versuche fortlaufend Informationen über die Physiologie und die Bewegung ihres Trägers auf und können zudem auch hydrodynamische Daten der Umgebung erfassen (z. B. Brijs et al. 2019; Tuhtan et al. 2018b). Eine große Herausforderung bei der Verwendung von Biologgern besteht jedoch darin, dass das Verhalten der Probanden infolge der Befestigung/Implantierung beeinflusst werden kann. Daher gilt es bei Anwendung dieser Methode, sorgfältige Vor- und Vergleichstests durchzuführen.

Mit den neuen Messmethoden wird es möglich, auf Basis von Korrelationen zwischen den Reaktionsmechanismen der Fische und den zeitgleich erfassten Umweltdaten neue Reiz-Reaktions-Muster zu erforschen, welche nicht nur auf der Strömungsgeschwindigkeit und -richtung basieren.

Neue wie auch schnellere und hochauflösendere Messmethoden führen zu umfangreichen Datensammlungen, welche zunächst für weiterführende Darstellungen und Analysen aufbereitet werden müssen. Im Zuge der Aufbereitung sollten stets die „rohen Sensoraufzeichnungen" genutzt und zunächst zeitsynchronisiert werden. Sodann gilt es, Messfehler im Sinne von Ausreißern zu identifizieren und zu entfernen, wozu sich Filterfunktionen und Spezialsoftware anbieten. Die Zukunft hält in puncto Datenerfassung und -auswertung viele Möglichkeiten bereit: So kann die steigende Leistungsfähigkeit von Rechneranlagen genutzt werden, um leistungsfähige Algorithmen oder gar Methoden des Machine Learning für eine multivariante Datenanalyse einzusetzen. Auch der Einsatz von Hybridmethoden im Sinne der Kopplung von Sondendaten mit numerischen Simulationen kann dazu führen, dass ethohydraulische Studien zukünftig stärker durch nicht-physikalische Modelle unterstützt werden.

Beobachtungstechnik zum Fischverhalten

Auch im Bereich der Beobachtungs- und Analysemöglichkeiten zum Fischverhalten gibt es inzwischen eine Fülle an Methoden unterschiedlicher Genauigkeit, die je nach Fragestellung angewandt werden können (Tab. 4.1). Wesentliche Untersuchungsziele können hier Grundlagenforschung, kleinräumige und großräumige Verhaltensanalysen, Qualitätssicherungen und Funktionsprüfungen von Anlagen sowie Fischbestandsanalysen sein. Die genannten Punkte fließen dabei auf unterschiedliche Weise in die drei Phasen ethohydraulischer Untersuchungen ein. Bei den Verfahren wird oft zwischen invasiven und nicht invasiven sowie fangabhängigen und fangunabhängigen Methoden unterschieden, wobei die Untersuchung eines möglichst unbeeinflussten, natürlichen Verhaltens der Tiere angestrebt wird. Im Folgenden werden einige wichtige Entwicklungen im Bereich der Beobachtungstechnik kurz vorgestellt. Weiterführende Informationen sind beispielsweise in Lucas und Baras (2000), Schmalz et al. (2015) sowie DWA (2005) und DWA (2014) zu finden.

Kameragestützt können die Schwimmwege und -geschwindigkeiten der im Versuch eingesetzten Probanden mit photogrammetrischen Techniken überwacht, erfasst und später ausgewertet werden. Die so mögliche Trajektoriendarstellung einzelner Schwimmpfade kann helfen, bevorzugte Schwimmkorridore genauer zu identifizieren und mittels Überlagerung mit räumlichen Strömungssignaturen auch zielgerichteter zu analysieren (Abb. 4.4).

Mit Tiertranspondern kann zeitlich die Passage der Tiere an bestimmten Stellen im Versuchsraum erfasst werden. Bei den auch als PIT Tags (Passive Integrated Transponder) bezeichneten Transpondern handelt es sich um glasummantelte Implantate von üblicherweise 12 bis 32 mm Länge und 2 bis 4 mm Durchmesser.

Tab. 4.1 Auflistung der Beobachtungstechniken zum Fischverhalten im Labor und Freiland mit Nennung und Bewertung der Einsatzbereiche; x = möglich; (x) = unter bestimmten Voraussetzungen oder eingeschränkt möglich; „leer“ = nicht möglich; kr = kleinräumig bzw. unter Laborbedingungen möglich

Beobachtungstechniken zum Fischverhalten im Labor und Freiland			Detaillierte Bewegungsmuster und Schwimmkinematik	Tracken genauer Schwimmpfade	Zählen von Querschnittspassagen im Gewässer	Bestimmung großräumiger Wanderrouten	Schadensbeurteilung durch wasserbauliche Anlagen	Fischbestandsanalysen
Direkte Sichtbeobachtung	Forschungslabor		(x)					
	Sichtfenster in Anlagen im Freiland		(x)					
Kameragestützte Methoden	Time of Flight (ToF)		x	x/kr				
	Structured Light							
	Stereo Vision							
	Particle Image Velocity (PIV)							
Zählungen	Handzählungen	Hamen und Reusen			x		x	x
		Elektrobefischung						
	Automatische Zählsysteme	Widerstandszähler			x			(x)
		Laserzählsystem						
		Infrarotzählsystem						
		Videozählsystem						
	Rechengutkontrolle (tote Tiere)						x	
Markierungen und Wiederfang	Individuelle Kennzeichnungen	Färbung				x		
		Verstümmelung						
		Tattoos						
		Bar-Codes						
	Spezielle Tags	HI-Z Turb'n Tag			x	x	x	
		Data Storage Tag (DST)		x	x	x		
Transpondertechnologie	passiv	PIT-Tag			x	x		
	aktiv	Radiotelemetrie		(x)	x	(x)		
		Akustische Telemetrie						
Sonartechnologie	Single-Beam Sonare				x			
	Split-Beam Sonare				x			
	Dual-Beam Sonare				x			
	Multibeam (bildgebende) Sonare		(x)	x/kr	x			x
Umwelt-DNA/ eDNA						(x)		x

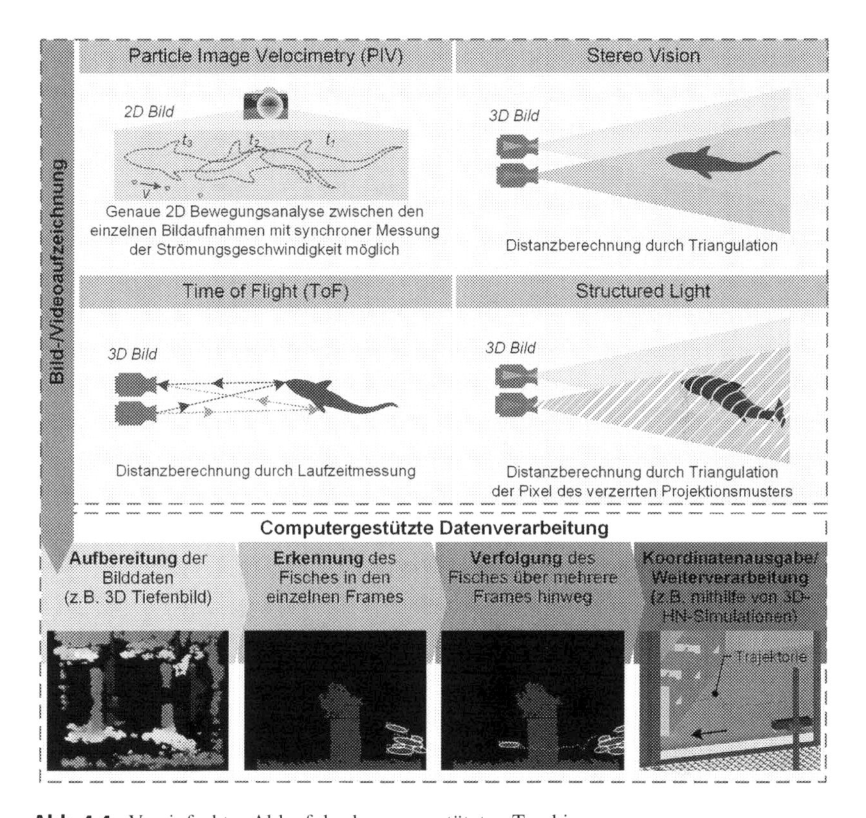

Abb. 4.4 Vereinfachter Ablauf des kameragestützten Trackingprozesses

Sie werden Fischen zur individuellen Markierung unter die Haut injiziert oder in die Bauchhöhle appliziert. Die zugehörigen Antennen werden im Versuchsbereich installiert. Gelangt ein Transponder in den Schwingkreis einer solchen Antenne, wird er energetisch aufgeladen und damit aktiviert, d. h. er sendet seinen unverwechselbaren mehrstelligen Code als Signal aus. Die Antenne empfängt das Signal und leitet es an ein Lesegerät weiter, das den Code entschlüsselt. Auf einem PC wird der Code dann zusammen mit der Adresse der Antenne sowie dem Zeitpunkt des Leseereignisses in einer Datei protokolliert (Abb. 4.5). PIT-Tags eigenen sich sowohl für den Labor- als auch den Feldeinsatz.

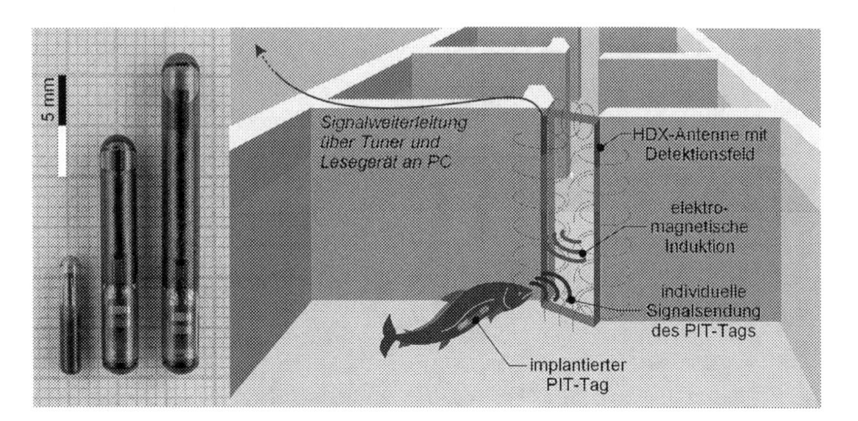

Abb. 4.5 PIT-Tags unterschiedlicher Größe (links) und Skizze zur Funktionsweise einer Rahmenantenne bei den Schlitzen einer Fischaufstiegsanlage (rechts)

Beispiel: Funktionskontrolle von Fischaufstiegsanlagen

PIT-Tags ermöglichen auch eine detaillierte Überprüfung der Effizienz von Fischaufstiegsanlagen, insbesondere wenn mehrere Anlagen am selben Gewässer bzw. sogar an derselben Staustufe vergleichend zu untersuchen sind. So wurden acht Fischaufstiegsanlagen an den Staustufen Augst-Wyhlen, Rheinfelden, Ryburg-Schwörstadt und Säckingen im Hochrhein untersucht. Jeweils an ihrem Ein- und Ausstieg waren die unterschiedlich konstruierten Fischaufstiegsanlagen mit Antennen ausgestattet, um die Bewegungsmuster von ca. 20.000 mit PIT-Tags markierten Fischen unterschiedlicher Arten nachzuverfolgen (Schwevers et al. 2020). Im Rahmen der Untersuchung zeigte sich, dass es vor allem die Lage des Einstiegs in Relation zur Hauptströmung im Fluss ist, die über die Auffindbarkeit einer Fischaufstiegsanlage entscheidet. Um fernab der Hauptströmung gelegene Fischaufstiegsanlagen aufzufinden, benötigten die transpondierten aufwandernden Fische viel mehr Zeit als im Falle von direkt am Kraftwerk positionierten Anlagen an derselben Staustufe.◀

Das Beispiel zur Auffindbarkeit von Fischaufstiegsanlagen verdeutlicht den Mehrwert solcher Feldstudien. In der Regel können derart weitläufige Situationen im Laborversuch nicht vollumfänglich situativ ähnlich nachgebildet werden. Daher bieten sich Feldstudien bspw. für die Bewertung der Auffindbarkeit einer Anlage unter Berücksichtigung der großräumigen Strömungsverhältnisse und der Vielzahl an Wanderkorridoren an. Im ethohydraulischen Labormodell können jedoch Nahfeldstudien zur Gestaltung der Einstiegssituation gut untersucht werden. Die dabei gewonnenen Befunde, Richtwerte, Konstruktionsvorgaben und Empfehlungen können dann mittels Tiertranspondierung im Feld validiert und ggf. nochmals konkretisiert werden. Nutzt man darüber hinaus die Möglichkeiten der im Folgenden beschriebenen Telemetrie, lässt sich das Verhalten im Freiland noch detaillierter auswerten.

Telemetrische Systeme mit aktiven Transpondern bestehen grundsätzlich aus einem Sender (Emitter), der ein Signal aussendet und einem Empfänger (Antenne oder Hydrophon), um das Signal zu detektieren und zu entschlüsseln (Abb. 4.6). Je nach Signaltyp werden telemetrische Systeme in Radiotelemetrie und akustische Telemetrie unterschieden. In Abhängigkeit von der Ortungsgenauigkeit können die realen Schwimmwege der Fische im Rahmen der Signalauswertung topographisch exakt zwei- oder dreidimensional visualisiert werden. Moderne telemetrische Sender sind so klein, dass sie selbst Kleinfischarten und Jungfischen, z. B. Lachssmolts sowie schlanken Arten wie Aalen und Neunaugen, implantiert werden können (Abb. 4.6, links unten). Allerdings beschränkt sich die Lebensdauer solcher mit kleinen Knopfbatterien betriebener Sender auf wenige Monate. Akustische Emitter senden Tonfolgen aus, die von Hydrophonen im Gewässer empfangen werden.

Grundsätzlich können die Punktinformationen verschiedener Empfänger wie bei der Methode der PIT-Tags miteinander verschnitten werden, um zu rekonstruieren, zu welchem Zeitpunkt ein Proband sich im Empfangsbereich aufgehalten hat. Bei einer ausreichend hohen Anzahl und Dichte von Empfängern ist es mit der Telemetrie auch möglich, die Bewegungspfade der Probanden exakt zu dokumentieren. Hierzu müssen sich im gesamten Untersuchungsgebiet jeweils die Empfangsbereiche von mindestens drei Empfängern überlagern, sodass die exakte Positionsbestimmung durch Kreuzpeilung erfolgen kann.

Über die Eigenschaften von Single-, Dual- oder Split Beam Sonaren hinaus können Multibeam Sonare wie DIDSON (Dual Frequency IDentification SONar) und ARIS (Adaptive Resolution Identification Sonar) in hoher Frequenz digitalisierte Aufnahmen anfertigen, die fortlaufend chronologisch aufgezeichnet und quasi als Video abgespielt werden. Sie werden daher auch oft als bildgebende (eng.: Imaging) Sonare oder akustische Kameras bezeichnet. Im Gegensatz zu optischen Systemen erlaubt die Sonar-Technik selbst bei starker Trübung und vollständiger Dunkelheit eine Bildgebung. Das Funktionsprinzip fußt wieder auf einem Sender-Empfänger-Prinzip von Schall- oder Radarwellen. Diese werden

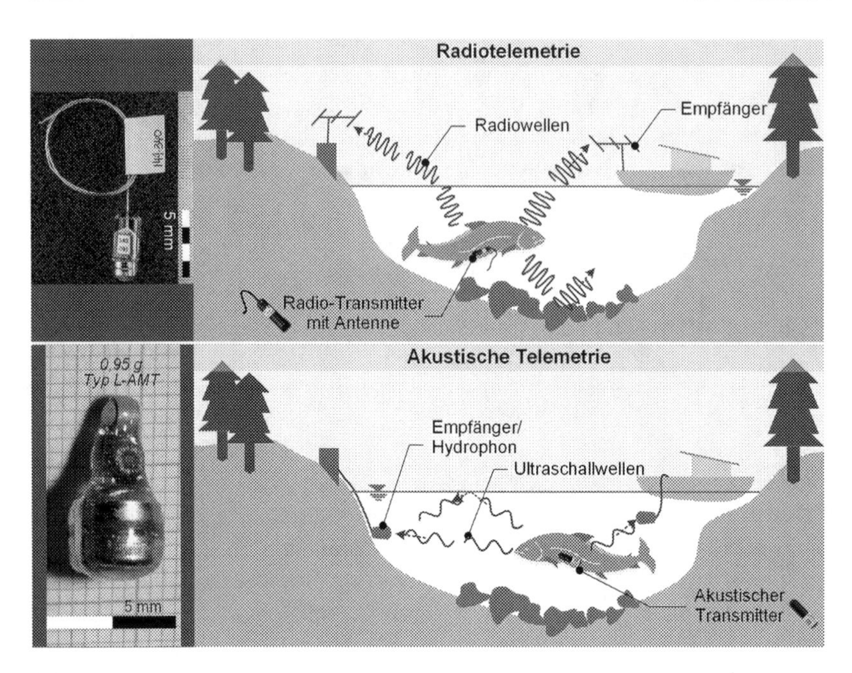

Abb. 4.6 Funktionsprinzip der Radiotelemetrie (oben) und der akustischen Telemetrie (unten)

ausgesendet und deren räumliche Reflexion empfangen und als Bild- bzw- Videoinformation interpretiert. Der „Sicht"-Winkel des Schallkegels aktueller Sonare ist eng, deren Bildauflösung grob und teilweise verzerrt, jedoch kann das Bewegungsverhalten der Fische im Vergleich zu den anderen Methoden gut beobachtet werden. Dazu ist jedoch eine sorgfältige manuelle Analyse der Aufnahmen notwendig. Es können Objekte und Strukturen bis in einer Entfernung von ca. 10 m detektiert werden. Unter optimalen Bedingungen lassen sich Fische ab einer Länge von etwa 5 cm beobachten (Abb. 4.7). Einen Einstieg in die Grundlagen der Sonartechnologie zur Beobachtung von Wanderfischen liefern unter anderem Martignac et al. (2015).

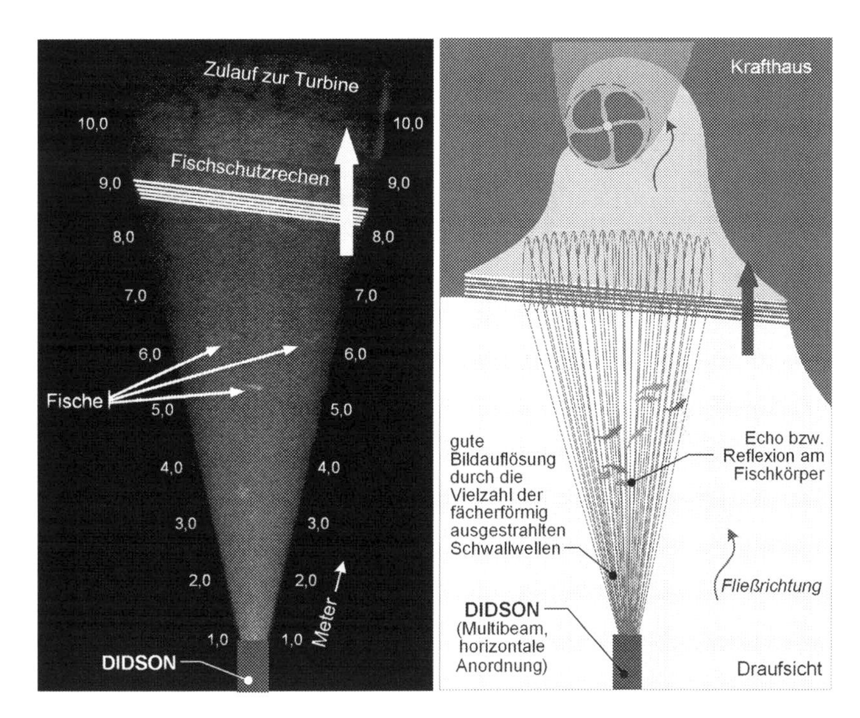

Abb. 4.7 DIDSON-Aufnahme verschiedener Fische einer Länge zwischen 5 und 45 cm (links) und schematische Darstellung der Situation sowie der Funktionsweise des DIDSON (rechts)

4.3 Zukunftsperspektiven

Die Weiterentwicklung der Messtechnik und der Einsatz von numerisch gestützten Strömungsmodellen erlaubt es, die hydraulischen Bedingungen, denen Tiere im ethohydraulischen Versuch ausgesetzt werden, wesentlich präziser als bisher zu beschreiben. Insofern verliert der methodische Ansatz des ethohydraulischen Laborversuchs auch in Zukunft nichts von seiner Bedeutung. Bei begrenztem Aufwand können auf diese Weise weiterhin vor allem grundsätzliche Fragen zum Verhalten aquatischer Organismen analysiert und kleinräumige Fragestellungen zu ihren Reaktionen und Verhaltensmustern im Bereich wasserbaulicher Anlagen bearbeitet werden. Zur Absicherung der Übertragbarkeit der Befunde werden künftig sicherlich auch statistische Auswertungsverfahren beitragen.

Allerdings erlauben neuere Messtechniken und Sensoren – insbesondere Biologger, Transponder, telemetrische Sender und bildgebende Sonare – auch eine detaillierte Aufzeichnung des Verhaltens der Probanden sowohl im Labor als auch im Freiland. Dadurch ergeben sich speziell für den Transfer als dritte Phase der ethohydraulischen Methode gute Möglichkeiten, die in Laborversuchen gewonnenen Erkenntnisse im Freiland zu validieren und mit Blick auf die weitläufige Realsituation auszuweiten.

Literatur

Böckmann, I. (2020). Entwicklung eines Verfahrenskataloges für statistisch abgesicherte ethohydraulische Forschungen. In Technische Universität Darmstadt (Hrsg.), *Mitteilungen des Instituts für Wasserbau und Wasserwirtschaft*, 157. https://doi.org/10.25534/tuprints-00011586.

Boiten, W. (2008). *Hydrometry. A comprehensive introduction to the measurement of flow in open channels*. London: CRC Press.

Brijs, J., Sandblom, E., Axelsson, M., Sundell, K., Sundh, H., Kiessling, A., Berg, C., & Gräns, A. (2019). Remote physiological monitoring provides unique insights on the cardiovascular performance and stress responses of freely swimming rainbow trout in aquaculture. *Scientific Reports*, 9(1).

Costa, M. J., Fuentes-Pérez, J. F., Boavida, I., Tuhtan, J. A., & Pinheiro, A. N. (2019). Fish under pressure: Examining behavioural responses of Iberian barbel under simulated hydropeaking with instream structures. *PLoS ONE, 14*(1). https://doi.org/10.1371/journal.pone.0211115.

Deutsche Vereinigung für Wasserwirtschaft, Abwasser und Abfall e. V. (2005). *Fischschutz- und Fisch-abstiegsanlagen – Bemessung, Gestaltung, Funktionskontrolle*. Hennef.

Deutsche Vereinigung für Wasserwirtschaft, Abwasser und Abfall e. V. (2014). *Merkblatt DWA-M 509: Fischaufstiegsanlagen und fischpassierbare Bauwerke – Gestaltung, Bemessung, Qualitätssicherung*. Hennef.

Franz, V. (1910). Phototaxis und Wanderung nach Versuchen mit Jungfischen und Fischlarven. *Hydrobiologia, 3*, 306–334. https://doi.org/10.1002/iroh.19100030304.

Lucas, M. C., & Baras, E. (2000). Methods for studying spatial behaviour of freshwater fishes in the natural environment. *Fish and Fisheries, 1*(4), 283–316.

Martignac, F., Daroux, A., Bagliniere, J.-L., Ombredane, D., & Guillard, J. (2015). The use of acoustic cameras in shallow waters: New hydroacoustic tools for monitoring migratory fish population. A review of DIDSON technology. *Fish and Fisheries, 16,* 486–510.

Martin, H. (2011). *Numerische Strömungssimulation in der Hydrodynamik: Grundlagen und Methoden*. Heidelberg: Springer.

Morgenschweis, G. (2010). *Hydrometrie – Theorie und Praxis der Durchflussmessung in offenen Gerinnen*. Heidelberg: Springer.

Schiemenz, F. (1950). Wie soll das Unterende der Fischtreppen in das Hauptwasser einmünden? Versuche mit Glasaalen. *Wasserwirtschaft, 40*, 130–135.

Schiemenz, F. (1952). Versuche mit Glasaalen – Beitrag zur Frage des Hineinleitens wandernder Fische in die untere Mündung einer Fischtreppe. In Technische Hochschule Hannover (Hrsg.), *Mitteilungen der Hannoverschen Versuchsanstalt für Grundbau und Wasserbau, 2*, 24–33.

Schiemenz, F. (1957). Ersatz des instinktmäßigen Wanderns der Fische in Fischtreppen durch das reflektorische Wandern. *Z. Fischerei*, NF 6, 61–68.

Schmalz, W., Wagner, F., & Sonny, D. (2015). *Forum „Fischschutz und Fischabstieg" – Arbeitshilfe zur standörtlichen Evaluierung des Fischschutzes und Fischabstieges.* Im Auftrag des Ecologic Institutes gemeinnützige GmbH.

Schwevers, U. & Adam, B. (2020). *Fish Protection Technologies and Fish Ways for Downstream Migration.* Swizerland: Springer Nature.

Steinmann, P. (1913). *Über Rheotaxis bei Tieren des fließenden Wassers.* Verhandlungen der Naturforschenden Gesellschaft in Basel, 24, 136–158.

Taft, E. P. (1986). Assessment of downstream migrant fish protection technologies for hydroelectric application. Report. In Electrical Power Research Institute (Hrsg.), *EPRI Research Project, 2694*(1).

Tuhtan, J. A., Fuentes-Pérez, J. F., Strokina, N., Toming, G., Musall, M., Noack, M., Kämäräinen, J. K., & Kruusmaa, M. (2016). Design and application of a fish-shaped lateral line probe for flow measurement. *Review of Scientific Instruments, 87*(045110). https://doi.org/10.1063/1.4946765.

Tuhtan, J. A., Fuentes-Perez, J. F., Angerer, T., & Schletterer, M. (2018a). *Monitoring upstream fish passage through a bypass pipe and drop at the fish lift Runserau: Comparing dynamic pressure measurements on live fish with passive electronic fish surrogates.* International Symposium on Ecohydraulics 2018. Tokyo.

Tuhtan, J. A., Fuentes-Perez, J. F., Toming, G., Schneider, M., Schwarzenberger, R., Schletterer, M., & Kruusmaa, M. (2018b). Man-made flows from a fish's perspective: autonomous classification of turbulent fishway flows with field data collected using an artificial lateral line. *Bioinspiration & Biomimetics, 13*(4). https://doi.org/10.1088/1748-3190/aabc79.

Was Sie aus diesem *Essential* mitnehmen können

- Ethohydraulik ermöglicht die verhaltensbezogene Erforschung von Wassertieren unter eingestellten geometrischen und hydraulischen Randbedingungen.
- Die Konzeption ethohydraulischer Tests bedarf einer sorgfältigen, an der Problemstellung orientierten Voranalyse sowie des Aufbaus und Betriebs eines situativ ähnlichen Versuchssetups mit variierbaren Randbedingungen.
- Ethohydraulische Untersuchungen finden i. d. R. unter konditionierten Bedingungen im Labor statt, können aber bei Anwendung geeigneter Mess- und Beobachtungsmethoden auch im Freiland durchgeführt werden.
- Ethohydraulische Untersuchungen nutzen eine Vielzahl unterschiedlicher Methoden (bspw. numerische und physikalische Modelle, Telemetrie- und Transpondertechnologien, unterschiedlichste hydraulische und bioinspirierte Messtechnologien) und vereinigen diese zu einem hybriden Ansatz.
- Die Befunde ethohydraulischer Untersuchungen dienen der Planung, Bemessung und Optimierung von Passage- und Schutzeinrichtungen für die Gewässerfauna an wasserbaulichen Anlagen – dazu existieren generelle Befunde (bspw. hydraulische Grenz- und Richtwerte), Empfehlungen (bspw. zu bauwerksinduzierten Strömungssignaturen) wie auch anlagenspezifische Funktionsvorgaben (bspw. Steuerung eines Fischliftsystems oder Auslegung eines Fischschutzrechens).
- Neue technische Entwicklungen ermöglichen differenzierte ethohydraulische Untersuchungen, bspw. durch den Einsatz autonomer Fischsonden, der Fischwegverfolgung mittels Telemetrie oder der Erhebung und Auswertung komplexer Strömungsdaten (bspw. Turbulenzparameter) mittels hybrider Kopplung hydrometrischer Messungen mit hochaufgelösten numerischen Simulationen.

B. Lehmann et al., *Ethohydraulik*, essentials,
https://doi.org/10.1007/978-3-658-32824-5

Literatur

Aadland, L. P. (1993). Stream habitat types: their fish assemblages an relationship to flow. *North American Journal of Fisheries Management, 13,* 790–806.
Adam, B. (2010). Anforderungen an die lineare und laterale Durchgängigkeit. Fischwanderung und die Bedeutung der Auenhabitate. *BfN-Skripten, 280,* 12–25.
Adam, B., & Lehmann, B. (2011). *Ethohydraulik – Grundlagen, Methoden, Erkenntnisse.* Heidelberg: Springer.
Adam, B., Schwevers, U., & Dumont, U. (1999). *Beiträge zum Schutz abwandernder Fische – Verhaltensbeobachtungen in einem Modellgerinne.* Solingen: Natur & Wissenschaft.
Adam, B., Schürmann, M., & Schwevers, U. (2013). *Zum Umgang mit aquatischen Organismen.* Wiesbaden: Springer Spektrum.
Amaral, S. V., Winchell, F. C., McMahon, B. C., & Dixon, D. A. (2003). Evaluation of an angled bar rack and a louver array for guiding silver American eels to a bypass. *American Fisheries Society Symposium, 33,* 367–376.
Ballon, E., & Adam, B. (2016). Entwicklung eines Wollhandkrabben-Leitsystems für Fischaufstiegsanlagen. *Wasserwirtschaft, 106*(7–8), 36–40.
Bates, K. (2000). Fishway guidelines for Washington State (Richtlinien-Entwurf 4/25/00). Washington Department of Fish and Wildlife.
Bibliographisches Institut GmbH. (2020). www.duden.de.
Bleckmann, H., Mogdans, J., Engelmann, J., Kröther, S., & Hanke, W. (2004). Das Seitenliniensystem. Wie Fische Wasser fühlen. *Biologie in unserer Zeit, 34*(6), 358–365.
Böckmann, I. (2020). Entwicklung eines Verfahrenskataloges für statistisch abgesicherte ethohydraulische Forschungen. In Technische Universität Darmstadt (Hrsg.), *Mitteilungen des Instituts für Wasserbau und Wasserwirtschaft,* 157. https://doi.org/10.25534/tuprints-000 11586.
Boiten, W. (2008). *Hydrometry. A comprehensive introduction to the measurement of flow in open channels.* London: CRC Press.
Bone, Q., & Marshall, N. B. (1985). *Biologie der Fische.* Stuttgart: Gustav Fischer.
Brijs, J., Sandblom, E., Axelsson, M., Sundell, K., Sundh, H., Kiessling, A., Berg, C., & Gräns, A. (2019). Remote physiological monitoring provides unique insights on the cardiovascular performance and stress responses of freely swimming rainbow trout in aquaculture. *Scientific Reports, 9*(1).

B. Lehmann et al., *Ethohydraulik,* essentials,
https://doi.org/10.1007/978-3-658-32824-5

Coarer, Y. L. (2007). Hydraulic signatures for ecological modelling at different scales. *Aquatic Ecology, 41,* 451–459.

Costa, M. J., Fuentes-Pérez, J. F., Boavida, I., Tuhtan, J. A., & Pinheiro, A. N. (2019). Fish under pressure: Examining behavioural responses of Iberian barbel under simulated hydropeaking with instream structures. *PLoS ONE, 14*(1). https://doi.org/10.1371/journal.pone.0211115.

Deutsche Vereinigung für Wasserwirtschaft, Abwasser und Abfall e. V. (2005). *Fischschutz- und Fischabstiegsanlagen – Bemessung, Gestaltung, Funktionskontrolle.* Hennef.

Deutsche Vereinigung für Wasserwirtschaft, Abwasser und Abfall e. V. (2014). *Merkblatt DWAM 509: Fischaufstiegsanlagen und fischpassierbare Bauwerke – Gestaltung, Bemessung, Qualitätssicherung.* Hennef.

Ebel, G. (2013). *Fischschutz und Fischabstieg an Wasserkraftanlagen. Handbuch Rechen- und By-passsysteme.* Halle: Eigenverlag.

Electrical Power Research Institute. (2016). *Laboratory Studies of eel behavior in response to various behavioral cues.* Technical Report. Palo Alto.

Engler, O., & Adam, B. (2020). Beeinflussung der Effizienz von Fischwegen durch die Lichtverhältnisse. *Artenschutzreport, 41,* 41–47.

Europäisches Parlament und Rat der Europäischen Union. (2000). Richtlinie 2000/60/EG des Europäischen Parlaments und Rates der Europäischen Union vom 23. 10. 200 zur Schaffung eines Ordnungsrahmens für Maßnahmen der Gemeinschaft im Bereich der Wasserpolitik. Amtsblatt der Europäischen Gemeinschaften L 327/1–327/72 vom 22.12.2000.

Fladung, E. (2000). Untersuchungen zur Bestandsregulierung und Verwertung der Chinesischen Wollhandkrabbe (Eriocheir sinensis). Schriften des Instituts für Binnenfischerei Potsdam-Sacrow, 5.

Flügel, D., Bös, T., & Peter, A. (2015). *Forschungsprojekt: Massnahmen zur Gewährleistung eines schonenden Fischabstiegs an größeren mitteleuropäischen Flusskraftwerken.* Dübendorf: EAWAG.

Franz, V. (1910). Phototaxis und Wanderung nach Versuchen mit Jungfischen und Fischlarven. *Hydrobiologia, 3,* 306–334. https://doi.org/10.1002/iroh.19100030304.

Gerhardt ,P. (1912). Die Fischwege. In Handbuch der Ingenieurwissenschaften, 3. Teil, II. Bd., 1. Abt. Wehre und Fischwege (S. 454–499).

Gosset, C., & Travade, F. (1999). Devices to aid downstream salmonid migration: Behavioral barriers. *International Journal of Ichthyology, 23*(1), 45–66.

Gough, P., Philipsen, P., Schollema, P. P., & Wanningen, H. (2012). From sea to source: International guidance for the restoration of fish migration highways., Veendam: Regional Water Authority Hunze en Aa's.

Hadderingh, R. H., van Aerssen, G. H. F. M., de Beijer, R. F. L. J., & van der Velde, B. (1999). Reaction of silver eels to artificial light sources and water currents: an experimental deflection study. *Regulated Rivers: Research & Management, 15,* 365–371.

Hoar, W. S., & Randall, D. J. (1978). *Fish Physiology, Volume VII "Locomotion"*. New York: Academic.

Hütte, M. (2000). *Ökologie und Wasserbau – Ökologische Grundlagen von Gewässerverbauung und Wasserkraftnutzung.* Berlin: Parey.

Larinier, M., & Boyer-Bernard, S. (1991a). Dévalaison des smolts et efficacité d'un exutoire de dévalaison à l'usine hydroélectrique d'Halsou sur la Nive. *Bulletin Français de la Pêche Pisciculture, 321,* 72–92. https://doi.org/10.1051/kmae:1991009.
Larinier, M., & Boyer-Bernard, S. (1991b). La dévalaison des smolts de saumon Atlantique au barrage de Poutès sur l'Allier (43): utilization de lampes a vapeur de mercure. *Bulletin Français de la Pêche Pisciculture, 323,* 129–148. https://doi.org/10.1051/kmae:1991001.
Larinier, M., Travade, F., & Porcher, J. P. (2002). Fishways: biological basis, design criteria and monitoring. *Bulletin Français de la Pêche et de la Pisciculture, 354.*
Lehmann, B., Adam, B., Engler, O., & Schneider, K. (2016). Ethohydraulische Untersuchungen zur Verbesserung des Fischschutzes an Wasserkraftanlagen. In Bundesamt für Naturschutz (Hrsg.), *Naturschutz und Biologische Vielfalt*, 151.
Liao, J. C. (2007). A review of fish swimming mechanics and behaviour in altered flows. *Philosophical Transactions of The Royal Society B Biological Sciences, 362,* 1973–1993.
Lowe, R. H. (1952). The influence of light and other factors on the seaward migration of silver eel. *Journal of Animal Ecology, 21*(2), 275–309.
Lucas, M. C., & Baras, E. (2000). Methods for studying spatial behaviour of freshwater fishes in the natural environment. *Fish and Fisheries, 1*(4), 283–316.
Lucas, M. C., & Baras, E. (2001). *Migration of freshwater fishes*. Oxford: Blackwell Science.
Lupandin, A. I. (2005). Effect of Flow Turbulence on Swimming Speed of Fish. *Biology Bulletin, 32*(5), 461–466.
Martignac, F., Daroux, A., Bagliniere, J.-L., Ombredane, D., & Guillard, J. (2015). The use of acoustic cameras in shallow waters: new hydroacoustic tools for monitoring migratory fish population. A review of DIDSON technology. *Fish and Fisheries, 16,* 486–510.
Martin, H. (2011). *Numerische Strömungssimulation in der Hydrodynamik: Grundlagen und Methoden.* Heidelberg: Springer.
Meyer-Waarden, P. F. (1954). Elektrische Sperren zur Bekämpfung von Wollhandkrabben. *Der Fischwirt, 4,* 331–337, 357–364.
Ministerium für Umwelt und Naturschutz, Landwirtschaft und Verbraucherschutz des Landes Nordrhein-Westfalen. (2005). *Handbuch Querbauwerke.* Aachen: Klenkes.
Morgenschweis, G. (2010). *Hydrometrie – Theorie und Praxis der Durchflussmessung in offenen Gerinnen.* Heidelberg: Springer.
Panning, A. (1938). Über die Wanderungen der Wollhandkrabbe. Markierungsversuche. Neue Untersuchungen über die chinesische Wollhandkrabbe in Europa. In Zoologisches Intitut und Zoologisches Museum Hamburg (Hrsg.), *Mitteilungen aus dem Hamburgischen Zoologischen Museum und Institut, 47,* 32–49.
Schiemenz, F. (1950). Wie soll das Unterende der Fischtreppen in das Hauptwasser einmünden? *Versuche mit Glasaalen. Wasserwirtschaft, 40,* 130–135.
Schiemenz, F. (1952). Versuche mit Glasaalen – Beitrag zur Frage des Hineinleitens wandernder Fische in die untere Mündung einer Fischtreppe. In Technische Hochschule Hannover (Hrsg.), *Mitteilungen der Hannoverschen Versuchsanstalt für Grundbau und Wasserbau, 2,* 24–33.
Schiemenz, F. (1957). Ersatz des instinktmäßigen Wanderns der Fische in Fischtreppen durch das reflektorische Wandern. *Z. Fischerei,* NF 6, 61–68.
Schiemenz, F., & Koethke, H. (1935). Über die Wollhandkrabbe und Vorschläge zu deren Massenfang. *Mitteilungen der Fischerei-Ver. Ostausgabe, 24*(2/3), 25–32, 45–56.

Schmalz, W., Wagner, F., & Sonny, D. (2015). Forum „Fischschutz und Fischabstieg“ – Arbeitshilfe zur standörtlichen Evaluierung des Fischschutzes und Fischabstieges. Im Auftrag des Ecologic Institutes gemeinnützige GmbH.

Schwevers, U., & Adam, B. (2020). *Fish Protection Technologies and Ways for Downstream Migration*. Cham: Springer Nature.

Schwevers, U., Schindehütte, K., Adam, B., & Steinberg, L. (2004). Untersuchungen zur Passierbarkeit von Durchlässen für Fische. In Landesanstalt für Ökologie, Bodenordnung und Forsten Nordrhein-Westfalen (Hrsg.), *LÖBF-Mitteilungen, 28*(3), 37–43.

Sellheim, P. (1996). Kreuzungsbauwerke bei Fließgewässern – Gestaltungsvorschläge für Durchlässe, Brücken, Verrohrungen und Düker. *Informationsdienst Naturschutz Niedersachsen, 16,* 205–208.

Silva, A. T., Lucas, M. C., Castro-Santos, T., Katopodis, C., Baumgaertner, L. J., Thiem, J. D., Aarestrup, K., Pompeu, P. S., O'Brien, G. C., Braun, D. C., Burnett, N. J., Zhu, D. Z., Fjeldstad, H.-P., Forseth, T., Rajaratnam, N., Williams, J. G., & Cooke, S. J. (2018). The future of fish passage science, engineering, and practice. *Fisch and Fischeries, 19*(2), 340–362.

Statzner, B., Gore, J. A., & Resh, V. H. (1988). Hydraulic stream ecology: Observed patterns and potential applications. *Journal of the North American Benthological Society, 7*(4), 307–360.

Steinmann, P. (1913). Über Rheotaxis bei Tieren des fließenden Wassers. *Verhandlungen der Naturforschenden Gesellschaft in Basel, 24,* 136–158.

Taft, E. P. (1986). Assessment of downstream migrant fish protection technologies for hydroelectric application. Report. In Electrical Power Research Institute (Hrsg.), *EPRI Research Project, 2694*(1).

Tuhtan, J. A., Fuentes-Pérez, J. F., Strokina, N., Toming, G., Musall, M., Noack, M., Kämäräinen, J. K., & Kruusmaa, M. (2016). Design and application of a fishshaped lateral line probe for flow measurement. *Review of Scientific Instruments, 87*(045110). https://doi.org/10.1063/1.4946765.

Tuhtan, J. A., Fuentes-Perez, J. F., Angerer, T., & Schletterer, M. (2018a). Monitoring upstream fish passage through a bypass pipe and drop at the fish lift Runserau: Comparing dynamic pressure measurements on live fish with passive electronic fish surrogates. International Symposium on Ecohydraulics 2018. Tokyo.

Tuhtan, J. A., Fuentes-Perez, J. F., Toming, G., Schneider, M., Schwarzenberger, R., Schletterer, M., & Kruusmaa, M. (2018b). Manmade flows from a fish's perspective: Autonomous classification of turbulent fishway flows with field data collected using an artificial lateral line. *Bioinspiration & Biomimetics, 13*(4). https://doi.org/10.1088/1748-3190/aabc79.

Vordermeier, T., & Bohl, E. (2000). Fischgerechte Ausgestaltung von Quer- und Längsbauwerken in kleinen Fließgewässern. In Landesfischereiverband Bayern (Hrsg.), *Schriftenreihe des Landesfischereiverbands Bayern, 2,* 53–61.